Medizinische Informatik und Statistik

Band 1: Medizinische Informatik 1975. Frühjahrstagung des Fachbereiches Informatik der GMDS. Herausgegeben von P. L. Reichertz. VII, 277 Seiten. 1976.

Band 2: Alternativen medizinischer Datenverarbeitung. Fachtagung München-Großhadern 1976. Herausgegeben von H. K. Selbmann, K. Überla und R. Greiller. VI, 175 Seiten. 1976.

Band 3: Informatics and Medicine. An Advanced Course. Edited by P. L. Reichertz and G. Goos. VIII, 712 pages. 1977.

Band 4: Klartextverarbeitung. Frühjahrstagung, Gießen, 1977. Herausgegeben von F. Wingert. V, 161 Seiten. 1978.

Medizinische Informatik und Statistik

Herausgeber: S. Koller, P. L. Reichertz und K. Uberla

4

Klartextverarbeitung

Frühjahrstagung 1977, Fachbereich
Medizinische Informatik der GMDS
und Fachausschuß 14 der GI in Gießen

Herausgegeben von F. Wingert

Springer-Verlag Berlin Heidelberg GmbH 1978

Reihenherausgeber

S. Koller, P. L. Reichertz, K. Überla

Mitherausgeber

J. Anderson, G. Goos, F. Gremy, H.-J. Jesdinsky, H.-J. Lange,
B. Schneider, G. Segmüller, G. Wagner

Bandherausgeber

Friedrich Wingert
Westfälische Wilhelms-Universität
Institut für Medizinische
Informatik und Biomathematik
Hüfferstraße 75
4400 Münster (Westf.)

Library of Congress Cataloging in Publication Data

Main entry under title:

Klartextverarbeitung.

   (Medizinische Informatik und Statistik ; 4)
   1. Medicine--Data processing--Congresses.
2. Linguistics--Data processing--Congresses.
I. Wingert, Friedrich. II. Series.
R858.A1K53   610'.28'54   78-519

ISBN 978-3-540-08634-5   ISBN 978-3-662-12146-7 (eBook)
DOI 10.1007/978-3-662-12146-7

2141/3140 - 5 4 3 2 1 0

Vorwort

Die Frühjahrstagung 1977 des Fachbereichs Medizinische Informatik der
Gesellschaft für Medizinische Dokumentation und Statistik (GMDS) fand
gemeinsam mit dem Fachausschuß 14 der Gesellschaft für Informatik (GI)
in Gießen unter dem Leitthema "Klartextverarbeitung" statt. Mit der
zunehmenden Verlagerung der Aktivitäten von der reinen Datenverarbeitung hin zu der Bearbeitung logistischer Probleme in der Medizin
steigt die Bedeutung des Kommunikationsmittels zwischen Mensch und
Computer. Die Erfahrung hat gelehrt, daß die Kommunikation in (fast)
natürlicher Sprache je nach Anwendung große Vorteile etwa bezüglich
der Akzeptanz von EDV-Verfahren, des Umfangs und der Qualifikation
des Personals und der Vertrauenswürdigkeit der erfaßten Daten bietet.
Um den Bereich der Klartextverarbeitung sind eine Reihe von Kernpro-
blemen der Medizinischen Informatik angeordnet.

Die Klartextverarbeitung hat nicht die Erfolge gebracht, die man noch
vor einigen Jahren - etwa für die maschinelle Übersetzung - erwartete.
Es hat sich gezeigt, daß in den nächsten Jahren eine automatische Verarbeitung natürlicher Sprache kaum zu erwarten ist. Eine Beschränkung
auf Fachsprachen, wie etwa die medizinische Sprache oder die juristische Sprache, verspricht schnellere Erfolge. Leistungsfähigkeit von
Verfahren zur Klartextverarbeitung und Breite des Anwendungsbereiches
schränken sich gegenseitig ein.

Die gemeinsame Tagung von "Anwendern" und "Theoretikern" der Klartextverarbeitung sollte zu einem Austausch der Kenntnisse über praktische
Probleme und verfügbare Lösungen führen. Dieses Ziel ist dann erreicht
worden, wenn der hoffnungsvolle Beginn zu einem weiteren Gedankenaus-
tausch führt. Die Tagung hat darüberhinaus gezeigt, in welcher Richtung Unterstützung aus der Medizin kommen muß. Besonders notwendig
sind eine besser definierte Terminologie und Aussagenstrukturen als
Basis für entsprechende realistische Datenstrukturen.

Ich danke allen Beteiligten, besonders den Referenten, für ihren Einsatz zum Gelingen der Tagung. Herr H.D. Siepmann hat in vorbildlicher
Weise das Manuskript für die Veröffentlichung geschrieben.

Münster, August 1977   F. Wingert

INHALT

F. Wingert

1 NOTWENDIGKEIT VON VERFAHREN ZUR KLARTEXTVERARBEITUNG

In der medizinischen Kommunikation haben sprachlich formulierte Daten
eine große Bedeutung. Die Krankengeschichte - früher ein Dokument einer
einzigen Arzt-Patienten-Beziehung - dient heute zur Dokumentation von Daten, Beobachtungen und Interpretationen vieler an der Diagnostik und der
Therapie beteiligter Personen. Dieser Wandel entspricht einem wichtigen
Wandel in der Medizin, ohne daß jedoch für die Abfassung der Krankengeschichte Konsequenzen gezogen worden wären. War früher die gesamte Krankengeschichte belastet mit dem Problem subjektiver Auslassungen, Formulierungen und Assoziationen, so ist dies heute bei den einzelnen Teilen
der Fall. Während früher jedoch der Autor in der Lage war, diese Schwä-
chen bei der Benutzung auszugleichen, führt eine nachträgliche Interpretation heute sehr viel häufiger zu Fehlern. Erschwerend ist, daß der
Umfang an Daten und die Anzahl der beteiligten Einzelfächer größer geworden ist, ohne daß es gelungen wäre, eine geeignete Struktur der Krankengeschichte zu entwickeln.

Es ist nicht bekannt, wieviele wichtige Daten nie in die Krankengeschichte aufgenommen werden, wieviele zum Teil teure Daten mehrmals gewonnen
werden, weil man sie entweder in der Krankengeschichte nicht findet oder
ihnen nicht traut, weil man sie nicht selbst gewonnen hat oder die Ergebnisse einer wiederholten Untersuchung schneller verfügbar sind als
wenn in der Krankengeschichte danach gesucht werden würde.

Das Ziel der Führung einer Krankengeschichte sollte ein Dokument sein,
das die Krankenversorgung in der täglichen Routine und in der Forschung
bezüglich Kommunikation, Rechtfertigung und Analyse unterstützt. Verfahren der Klartextverarbeitung haben daher wichtige medizinische Voraussetzungen, wie etwa

- Standardisierung der medizinischen Terminologie, Verfahren
  und Datenstrukturen,
- explizite Regeln für die Zusammenführung von Daten und für die
  Kommunikation.

Zu solchen Verfahren gibt es nur die Alternative, daß die Daten vom

Menschen in eine stark formalisierte Sprache übersetzt werden müssen.
Erfahrungsgemäß sind im allgemeinen Ärzte dazu weder bereit noch fähig,
so daß spezielles Personal benötigt wird. Dieses Personal ist teuer und
nicht in ausreichendem Umfang vorhanden und die Ergebnisse sind in der
Routinearbeit mit einer Fehlerrate belastet, die Zweifel an ihrem Wert
aufkommen läßt.

An der "Basisdokumentation" läßt sich diese Problematik gut zeigen. Dokumentiert werden neben einigen persönlichen Daten des Patienten die
Identifikation der Krankengeschichte und die codierten Diagnosen. In
der Routine sind Fehler im Code aus organisatorischen Gründen kaum zu
erkennen. Bei Änderungen der Codestruktur - etwa durch Änderung der
Klassifikation - sind alte und neue Daten nicht vergleichbar und es ist
im allgemeinen nicht möglich, alte Daten umzucodieren. Mit jeder Änderung der Klassifikation steht man bei der jetzigen Form der Basisdokumentation vor der Entscheidung, entweder bei der veralteten Klassifikation zu bleiben oder kaum vergleichbare Daten zu sammeln.

Damit reduzieren sich die mögliche Leistungen der Basisdokumentation auf
die Erzeugung von Listen mit Identifikationen für Patienten, die bestimmte Codes für Diagnosen haben. Von diesen Listen, über deren Vollständigkeit und Richtigkeit kaum Aussagen zu machen sind, gehen jährlich Tau-
sende von Studenten aus, um aus den jeweiligen Krankengeschichten Dok-
torarbeiten zu erstellen. Dabei kostet das Personal für eine solche Dokumentation in einer Universitätsklinik allein für stationäre Patienten
- ambulante Patienten können wegen ihrer großen Anzahl kaum ebenfalls
alle erfaßt werden - sechsstellige Beträge.

2   ZIELE DER KLARTEXTVERARBEITUNG

Die Klartextverarbeitung von Daten in medizinischer Sprache umfaßt

- morphologische, syntaktische und semantische Analyse der Daten und
- Darstellung der Aussagen in einer Datenstruktur, die logische Folgerungen zuläßt.

2.1   Funktionelle Ziele

Die funktionellen Ziele leiten sich aus den geistigen Prozessen bei der
Interpretation, Sammlung, Ordnung und dem Wiederfinden medizinischer Informationen ab:

- Automatische Indexierung medizinischer Aussagen bezüglich einer
  gegebenen Klassifikation,
- automatische Erzeugung von abstracts,
- automatisches Wiederfinden und Zählen medizinischer Fakten und
  Dokumente.

Der große Unterschied zwischen der theoretischen Terminologie und der
Sprache in der Praxis kann zu konkurrierenden Zielen führen.

2.2   Abgeleitete Ziele

Das Erreichen der genannten funktionellen Ziele ist die Voraussetzung
zur Lösung wichtiger Probleme der Medizinischen Informatik, von denen
hier nur einige genannt werden sollen:

- Unterstützung der ärztlichen Entscheidungsfindung,
- Frage-Antwort-Systeme, etwa in der Form von Lehrprogrammen,
- Arztbriefschreibung,
- automatische Übersetzung zwischen Sprachen oder Klassifikationen,
- Schätzung und Überwachung der Kosten für die Krankenversorgung,
- Gewinnung von Hypothesen über Syndrome.

3   KOMPONENTEN DER KLARTEXTVERARBEITUNG

3.1   Definitionen

Eine auch nur annähernd vollständige Liste von Definitionen geht über
den Rahmen eines Übersichtsvortrages hinaus. Bei einer Beschreibung der
natürlichen Sprache als "allgemeines Kommunikationsmittel innerhalb
einer Sprachgemeinschaft" wird eine Abgrenzung der medizinischen Sprache
notwendig. Sie enthält einerseits eine unscharf begrenzte Untermenge der
natürlichen Sprache, andererseits besitzt sie Eigenschaften von Kunst-
sprachen. Die Nähe zur natürlichen Sprache äußert sich in der geringen
Ausbildung von Eigenschaften stark formalisierter Sprachen wie etwa:
Präzision, axiomatischer Aufbau, Eignung zur automatischen Verarbeitung,
Fehlen von Mehrdeutigkeiten, Folgerungsmöglichkeiten, explizite Regeln
für Sprachstruktur und Aussage und formale Beschreibung der Regeln. Unterschiede zur natürlichen Sprache findet man in der Syntax und in der
verstärkten Dominanz der Semantik über die Syntax. Dazu kommen Schwer-
punktverschiebungen, die durch die "Muttersprachen" Griechisch oder
Latein bedingt sind.

3.2   Medizinische Aussagen

Die wichtigsten für die Klartextverarbeitung interessanten Typen medizinischer Aussagen sind Symptome, Zeichen, Diagnosen, Anordnungen und
Beschreibungen. Verfahren zur automatischen Verarbeitung müssen die Beziehungen zwischen den einzelnen Typen erkennen und formal darstellen.
Um dieses Ziel zu erreichen, müssen jedoch noch intensive Vorarbeiten
in der Medizin geleistet werden.

Der beschreibende Teil eines pathologisch-anatomischen Befundberichtes
etwa kann ganz verschiedenen Zwecken dienen:

- Begründung einer Diagnose durch Beschreibung eines Bildes und
  Auflistung der zur Diagnose führenden Kriterien.
- Modifikation einer Diagnose, wenn der dazu verfügbare Term nicht
  präzise genug den Befund beschreibt.
- Ersatz einer Diagnose.

Es besteht ein deutlicher Zusammenhang zwischen der Erfahrung des Pathologen und der Länge einer Beschreibung. Im allgemeinen kann auch in der
konventionellen Kommunikation von der Beschreibung nur unvollständig
auf die Diagnose geschlossen werden. Solange diese Beziehungen aber nicht
klar genug definiert sind, scheint es nicht sinnvoll, an der Entwicklung
automatischer Verfahren zur Analyse von Beschreibungen zu arbeiten. Dennoch können Beschreibungen nicht gänzlich vernachlässigt werden, da die
Grenzen zwischen den einzelnen Typen medizinischer Aussagen fließend sind.

4   BEREICHE DER KLARTEXTVERARBEITUNG

Die Klartextverarbeitung kann in die Bereiche Morphologie, Syntax, Semantik und Pragmatik eingeteilt werden.

Die Grenzen zwischen diesen Bereichen sind fließend, und Probleme, die
in einem Bereich angesiedelt sind, können manchmal mit Methoden gelöst
werden, die zu einem anderen Bereich gehören. Diese Tatsache sollte bei
der zur Darstellung einiger Verfahren notwendigen Einordnung in einen
bestimmten Bereich beachtet werden.

In allen vier Bereichen ist die Trennung von Lexika und Relationen sinnvoll. Grundsätzlich stellt die "Ausgabe" eines Bereiches die "Eingabe"
für den nächsten Bereich dar. Der Umfang der Lexika und die Anzahl der

benötigten Regeln beeinflussen sich gegenseitig ganz erheblich (siehe Tab. 1).

Tab. 1: Schema der Bereiche der Klartextverarbeitung, Datenelemente, Relationen und Lexika

Bereich	Datenelement	Relationen	Lexika	Ausgabe
Morphologie	Segment	Segmentierungs-regeln	Segment-Lexikon	Segmente, syntaktische "Rohdaten", semantische "Rohdaten"
Syntax	Wort	Satzstrukturen (Grammatik)	Negativ-, Positiv-Listen, Vollwort-Lexikon	Satzstruktur
Semantik	Teilaussage	Semantische Relationen	Semantisches Lexikon (Thesaurus)	Indices bzgl. einer Klassifikation
Pragmatik	Aussage	Strukturen von Aussagen, Operatoren für Aussagen	Modell-Aussagen	Formale Notation der Aussagen

4.1 Morphologie

Morphologie ist die Theorie kleinster bedeutungstragender Einheiten oder "Morpheme" und ihrer Anordnung bei der Bildung von Wörtern. Morpheme sind also Zeichenketten minimaler Länge mit einer syntaktischen oder semantischen Information, die relevant für die Klartextverarbeitung ist.

Morpheme sind nicht nur als Folge von Zeichen, sondern auch durch ihre Stellung im Wort definiert (VERBINDUNG-UNGEBUNDEN). Die Anordnung der Morpheme bei der Wortbildung ist im allgemeinen starrer als die Anordnung der Wörter bei der Satzbildung. Die Flexionsmorpheme tragen zusätzlich zu ihrer morphologischen Information syntaktische Information und zum Teil auch semantische Information und können daher zur Analyse von Satzstrukturen herangezogen werden. Zur Vereinfachung wird im folgenden der Numerus mit S bzw. P und der Kasus mit den Ziffern 1-4 bezeichnet.

Das häufigste Wortmodell ist die Zerlegung eines Wortes w in einen Wortstamm t und ein Flexionsmorphem s:

$$w = t \, s.$$

Im allgemeinen ist der Wortstamm Träger der semantischen Information und
das Flexionsmorphem Träger der syntaktischen Information. Die syntaktische Information ist jedoch spezifischer in der Form einer zweidimensio-
nalen Funktion:

$$f(MAGEN,S) = S2$$
$$f(TEST,S) = S2 \ P1234$$

Da der gleiche Wortstamm mit verschiedenen Flexionsendungen und die gleiche Flexionsendung mit verschiedenen Wortstämmen kombiniert werden kann,
ist die Anzahl verschiedener Wörter viel größer als die Summe der Anzah-
len von Wortstämmen und Flexionsendungen. Wortstammlexika haben daher
wichtige Vorteile gegenüber Vollwortlexika:

- Geringerer Umfang der Lexika, dadurch Einsparung von Speicherplatz
  und Zugriffszeit.
- Zerlegbarkeit neuer Wörter bis zu einem gewissen Grad, selbst wenn
  diese Wörter beim Aufbau der Lexika nicht berücksichtigt wurden.
- Höherer Grad an "Sprachunabhängigkeit", da etwa 2/3 der medizinischen Terme aus der lateinischen bzw. griechischen Sprache stammen,
  die in vielen Fällen sprachspezifisch flektiert werden.

Den genannten Vorteilen steht der Nachteil gegenüber, daß Regeln für die
Kombination von Wortteilen zu sinnvollen Wörtern entwickelt werden müssen. Insbesondere muß ein Algorithmus entwickelt werden, mit dem Wörter
in ihre Teile zerlegt werden.

In der deutschen Sprache und besonders in der deutschen medizinischen
Sprache wird häufig von der Möglichkeit zur Bildung zusammengesetzter
Wörter Gebrauch gemacht. Dies ist ein Trend in allen Fachsprachen, da
Aussagen kürzer, einfacher und klarer werden:

LARYNGOTRACHEOBRONCHITIS = Entzündung des Larynx, der Trachea und
der Bronchien.

Die ausführliche Formulierung benötigt 44 Zeichen in 8 Wörtern und ein
Komma, während das zusammengesetzte Wort mit 24 Zeichen auskommt. Solche zusammengesetzten Wörter liefern zusätzliche Informationen, da das
Bildungsprinzip Rückschlüsse auf die Semantik erlaubt. Daher bietet sich
ein verfeinertes Wortmodell an:

Ein Wort besteht aus einer Folge von Wortteilen:

$$w = v_1 v_2 \ldots v_k \quad (k \geq 1).$$

Jeder Wortteil besteht aus einer Folge von <u>Segmenten</u>, die verschiedenen
Typen angehören:

Eine <u>root</u> r ist eine Zeichenkette mit einer semantischen Information, die
nicht durch Aufteilung der root zerlegt werden kann. Die semantische Information kann mehrdeutig sein und muß in einem solchen Fall auf einer
höheren Ebene eindeutig gemacht werden.

Eine <u>Endung</u> ist jede Zeichenkette, die bei der Wortbildung verwendet
wird und nicht eine root ist. Im allgemeinen besteht jede Endung aus
einem <u>derivational suffix</u> s und aus einem <u>terminal suffix</u> t. Jeder Wortteil besteht aus genau einer root und einer Endung:

$$w \doteq r_1 s_1 t_1 r_2 s_2 t_2 \ldots r_k s_k t_k \quad (k \geq 1)$$

Das terminal suffix t_k ist eine <u>Flexionsendung</u>. Die terminal suffixes
$t_1, t_2, \ldots, t_{k-1}$ sind <u>Fugenzeichen</u>. Im allgemeinen gilt:

- Viele Deflexionen und Substantiv-Adjektiv-Transformationen bestehen im Austausch der Endungen oder des terminal suffix.
- Etwa 2/3 der roots sind von lateinischen oder griechischen Formen
  abgeleitet und werden entweder in der Originalform oder angepaßt
  an die jeweilige Muttersprache benutzt. Bei ihnen reicht der Austausch sprachspezifischer Teile der Endung für die Übersetzung etwa zwischen Deutsch und Englisch aus (siehe Bild 1,2).

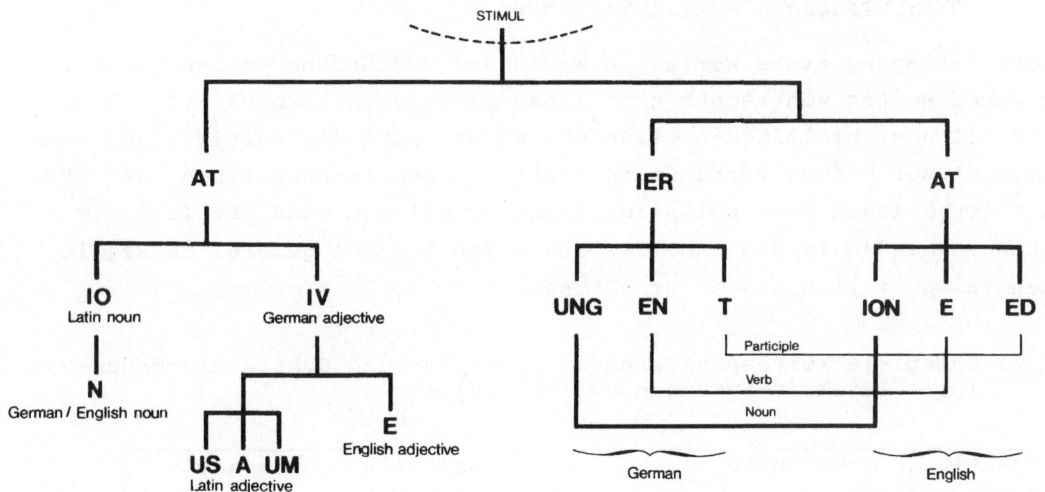

<u>Bild 1</u>: Suffix-Familien für eine Klasse von roots (z.B. STIMUL) [12]

Die gegebene Definition der roots reicht in der Praxis nicht aus, da es
auch Endungen mit semantischen Informationen gibt. Solche Endungen sind

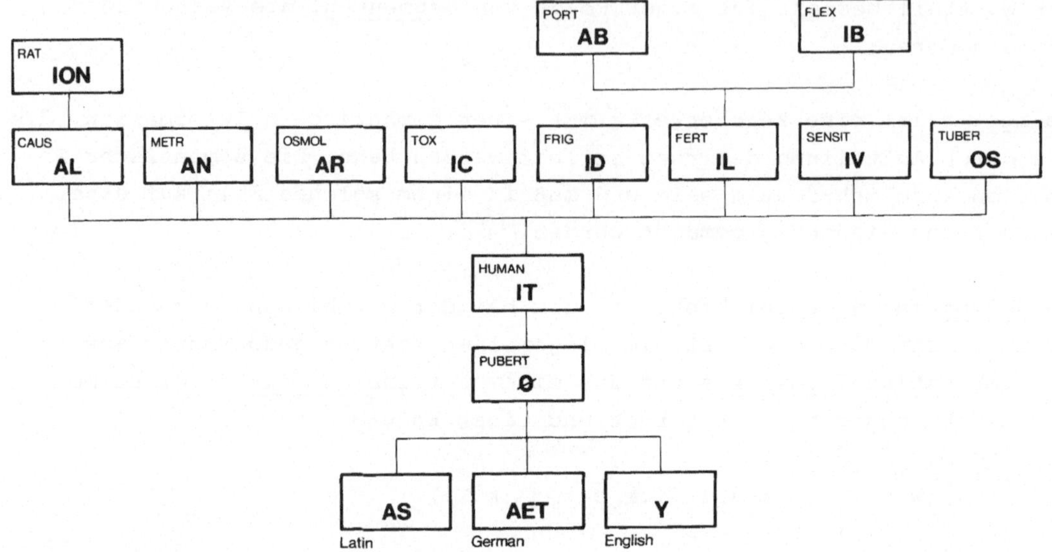

<u>Bild 2</u>: Hierarchische Beziehungen zwischen Suffix-Familien (von oben
nach unten). Jeder Knoten entspricht einer Familie, deren Elemente auf eine Klasse von roots folgen können. Jede Klasse ist
durch eine root vertreten. Die "Blätter" entsprechen einer Menge
von Flexionsendungen [12]

etwa -ITIS (Entzündungen), -OSIS, IASIS (Erkrankungen), -OM (Tumoren),
-ASE (Enzyme). In der Praxis werden die roots durch Enumeration definiert.

4.1.1   <u>Morphosyntaktische Algorithmen</u>

Bei der Zerlegung eines Wortes in Wortstamm und Endung werden die Zeichen eines Wortes von rechts nach links mit Bäumen "produktiver" Endungen verglichen. Die längste gefundene Endung wird als gültig angenommen.
Die mit dieser Endung verbundenen syntaktischen Informationen oder etwa
auch Informationen über zulässige Transformationen sind ebenfalls im
Lexikon vorhanden (siehe Tab. 2). Ausnahmen von den generellen Regeln
müssen in speziellen Listen erfaßt sein.

<u>Tab. 2</u>: Beispiele korrespondierender Adjektiv- und Substantiv-Endungen
(alle Adjektiv-Endungen auf -L) [7]

Adjektiv	Substantiv	Adjektiv	Substantiv
L	∅	RAL	∅
AL	A,E,UM,US	GEAL	X
NAL	∅	CEAL	X
EAL	US,ES	ICAL	IX,EX,ERY
IAL	US	ORAL	UR
CAL	X,CUS	INAL	EN

Das zweite Modell zur Zerlegung zusammengesetzter Wörter kann mit zwei verschiedenen Ansätzen realisiert werden. Der "regelintensive" Ansatz benutzt Daten über die Häufigkeit von Buchstabenpaaren (Digramme) oder allgemeiner n-grammen. So kann man etwa durch Auszählen der Häufigkeit von Buchstabenpaaren in einer großen Menge deutscher Wörter feststellen, daß das Paar -bf- in einem Segment nicht vorkommen kann. Daraus folgt, daß im Wort ABFALL zwischen b und f eine Segmentgrenze liegen muß. Eine genaue Auszählung von über 54.600 Digrammen in etwa 9.600 roots ergab, daß von den $26^2 = 676$ möglichen Paaren 129 nie, 234 höchsten 5-mal und 477 höchstens 50-mal auftraten.

Das Verfahren kann dadurch verfeinert werden, daß nicht nur Buchstabenpaare, sondern auch längere Kombinationen betrachtet werden. Weiter kann unterschieden werden, ob das n-gramm am Segmentanfang, im Segment oder am Segmentende steht. Für Ausnahmen von generellen Regeln müssen spezielle Listen verwendet werden.

Mit steigender Länge n geht das geschilderte Verfahren über in den "datenintensiven" Ansatz, bei dem alle erlaubten Segmente in einem Lexikon gehalten werden. Unterscheidet man verschiedene Segmenttypen, dann gibt es zusätzlich Regeln für die Verknüpfung der einzelnen Segmente. Wegen der Mischung der medizinischen Sprache aus den verschiedenen Sprachbereichen und der häufigen Namen und Abkürzungen sind die Matrizen der Häufigkeiten der n-gramme bei kleinem n nicht dünn genug besetzt, wenn man mit kleinen Ausnahmelisten auskommen will. Wir bevorzugen daher den datenintensiven Ansatz. Er hat zwar den Nachteil des umfangreicheren Lexikons, führt aber zu besseren Ergebnissen und zu einem Gewinn beim semantischen Lexikon [11, 12] .

Das Lexikon der Segmente ist aus den etwa 50.000 Eingangswörtern des AGK-Thesaurus und den etwa 12.000 deutschen und 12.000 englischen Wörtern der Systematized Nomenclature of Pathology [13] entstanden. Es enthält etwa 9.600 roots für Deutsch und Englisch. Diesen roots sind 256 Klassen zugeordnet. Jede Klasse besteht aus einer Menge von Endungen mit zugeordneten syntaktischen und semantischen Informationen. Eine formale Notation für die Definition der Klassen ermöglicht die automatische Generierung des Lexikons der derivational suffixes (etwa 750 Segmente), des Lexikons der terminal suffixes (etwa 50 Segmente) und der erlaubten Kombinationen der suffixes zu einer Endung.

Zur Segmentierung der zusammengesetzten Wörter wird von links nach rechts in einem Restwort nach dem längsten Segment gesucht, bei dem die Folge

$$w = r_1 s_1 t_1 r_2 s_2 t_2 \ldots r_i s_i t_i X$$

gemäß den Definitionen der einzelnen Klassen gültig ist. Wird bei der Suche nach rechts keine gültige root gefunden, dann werden die Segmente nach links kürzer gewählt und nach rechts wird erneut gesucht. Der Algorithmus endet, wenn entweder der Wortrest aufgebraucht ist oder beim backtracking keine root r_1 gefunden wird. Die relativ geringe Fehlerrate von 1% wird durch eine Ausnahmeliste praktisch gleich O.

Ergebnis des Algorithmus ist die Zerlegung eines Wortes in Segmente.

Zusätzlich erhält man wichtige semantische und syntaktische Informationen, wie etwa Index eines Segments bzgl. des semantischen Lexikons, Wortart, Casus, Numerus etc. oder auch Informationen über mögliche Transformationen.

4.1.2   Formale Darstellung der Ergebnisse der morpho-syntaktischen Analyse

Die wichtigsten formalen Darstellungen sind Bäume, Bildungsregeln, Matrizen und Entscheidungstabellen.

4.2   Syntax

Die syntaktische Analyse beschäftigt sich mit der formalen Struktur von Wortsequenzen. Hier soll nicht näher auf die Vor- und Nachteile verschiedener Grammatiken eingegangen werden, da dies Aufgabe eines Linguisten ist. Statt dessen soll ein kurzer Bericht über die Möglichkeiten und die speziellen Probleme bei der medizinischen Sprache gegeben werden.

Es gibt Ansätze, die von Vollwortlexika ausgehen und solche, die eine morphosyntaktische Analyse voraussetzen. Als zweckmäßig hat sich die Einteilung der Wörter in "Funktionswörter" und "Deskriptoren" erwiesen. Funktionswörter dienen zur Organisation eines Satzes, während Deskriptoren Träger der Aussage sind. Da die Funktionswörter eine relativ kleine und abgeschlossene Menge darstellen, bietet sich eine Auflistung in einem Lexikon an, das die zu einem Wort gehörenden syntaktischen Informationen vermittelt. Deskriptoren werden morphosyntaktisch analysiert.

Die so erstellten Rohdaten werden durch Vergleich mit Satzmustern schritt-
weise verfeinert. Zusätzlich werden Lexika verwendet, in denen vor allem
spezielle Informationen für Sonderfälle gehalten werden [9]

Es gibt eine Reihe praktisch durchaus befriedigender Systeme, die lediglich die Einteilung der Wörter in Funktionswörter und Deskriptoren und
die Zerlegung eines Wortes in Wortstamm und Endung ausnutzen.

Die Autoren praktisch eingesetzter Systeme beklagen oft, daß die Linguistik bisher keine hinreichend leistungsfähigen Verfahren bereitstellt.
Dafür mag es verschiedene Gründe geben:

- Der vom wissenschaftlichen Standpunkt her verständliche Wunsch nach
  fehlerfreien Lösungen macht die Beschränkung auf Einzelprobleme und
  kleine Untermengen der natürlichen Sprache notwendig.
- Die Autoren praktisch eingesetzter Systeme kommen aus der Informatik
  oder aus den Anwendungsgebieten. Ihnen fehlt oft der notwendige Hin-
  tergrund in Linguistik.
- Für das Ziel einer automatischen Indexierung sind geeignete Klassifikationen und eine semantische Analyse nützlicher als eine bis ins
  Detail gehende syntaktische Analyse.

Die Syntax der medizinischen Sprache zeigt gegenüber der Syntax natürlicher Sprache einige Besonderheiten:

- Die Anzahl der verschiedenen syntaktischen Konstruktionen ist geringer. Überwiegend werden Nominalphrasen und sehr selten werden
  Verbalphrasen benutzt, die bei natürlicher Sprache die schwierig-
  sten Probleme bieten.
- Es gibt viele semantisch eindeutige, aber syntaktisch unkorrekte
  Konstruktionen, vor allem als Paraphrasierung von Nominalphrasen
  durch Adjektive wie etwa "cortikale Zyste", "renale Insuffizienz",
  "cardiale Symptome", "bakterielle Infektion".
- Die Syntax ist eine Kombination von syntaktischen Mustern verschiedener Sprachen ("Hämorrhagie im corpus callosum").

Andererseits drücken sich semantische Unterschiede in rein syntaktisch
faßbaren Unterschieden aus, wie aus dem folgenden Beispiel mit vier
verschiedenen (!) Diagnosen deutlich wird: Zystitis - entzündete Zyste
- entzündliche Zyste - zystische Entzündung.

Auf die syntaktische Analyse kann daher sicher nicht vollständig verzichtet werden, will man nicht größere Fehlerraten oder einen höheren Grad
an Mehrdeutigkeit in Kauf nehmen. Es wird daher bei jeder Anwendung zu
klären sein, welcher Aufwand bei der syntaktischen Analyse notwendig ist.

4.3   <u>Semantik</u>

Die semantische Struktur medizinischer Aussagen hängt vom Kenntnisstand
ab und ist damit Änderungen unterworfen. Die formale Darstellung des
Wissens setzt ein Modell voraus, das eine endliche Anzahl von Elementen
enthält:

- Merkmale und ihre Ausprägungen (semantische Konzepte) und die
  zugehörige Terminologie,
- Relationen zwischen Merkmalen und Ausprägungen (Klassifikation).

Die Modelle hängen von den diagnostischen und therapeutischen Möglichkeiten ab. So gibt es eine Reihe verschiedener Klassifikationen, was
schon bei der konventionellen Kommunikation in der Medizin ernste Probleme aufwerfen kann. Eine einheitliche Terminologie ist nicht verfügbar. Es gibt aber Bemühungen in dieser Richtung, da sich in der Medizin der Eindruck verstärkt, daß nicht nur die Datenverarbeitung klare
Definitionen verlangt. Stellvertretend für Standardisierungsversuche
sei nur die Current Medical Information Terminology genannt, die etwa
3.500 Krankheiten enthält und diese nach Ätiologie, Symptomatologie,
Röntgen- und Laborbefunden definiert [4] . Intensive Bemühungen zur
Standardisierung gibt es auch bei der Tumornomenklatur [10] .

Geeignete Klassifikationen müssen entsprechend der medizinischen Logik
polyhierarchisch sein. Sie sollten offene Systeme darstellen, die einfach zu ändern sind und sie sollten auf möglichst breiter Basis akzeptiert sein. Dies sind zwei Forderungen, die in einem strengen Gegensatz zueinander stehen können.

Die semantischen Kategorien der verschiedenen Klassifikationen sind
meist aus der Entwicklung der Systematisierungsversuche in der Medizin
zu erklären. So sind sich bis heute die Fachleute nicht einig, ob es
ein dem natürlichen System der Elemente vergleichbares System der Krankheiten einmal geben wird.

Pragmatische Forderungen an eine Klassifikation sind:

- Zerlegung der Informationen in disjunkte und vollständige Mengen,
- Berücksichtigung diagnostischer und therapeutischer Möglichkeiten,
- Unterscheidung prognostisch verschiedenwertiger Einheiten,
- Darstellung wichtiger Relationen und pathogenetischer Prozesse,
- Berücksichtigung der zeitlichen Abhängigkeit von Erkrankungen.

Gemessen an diesen Forderungen sind die verfügbaren Klassifikationen noch sehr entwicklungsbedürftig. Die Klassifikationen finden ihren Niederschlag in der Klartextverarbeitung als semantische Lexika, Thesauri oder semantische Netze [1, 7, 8, 14] , die die Morpheme, Wörter und Phrasen enthalten, die einen Wert im jeweiligen Anwendungsgebiet besitzen. Dieser Wert wird identifiziert durch einen semantisch strukturierten Code und eventuell durch zusätzliche Informationen. Dazu kommen Thesaurusfunktionen, wie die Möglichkeit zum Aufsuchen der Texte zu gegebenem Code und die Möglichkeit zum Aufsuchen von Codes zu gegebenem Text.

Die z.Zt. beste Struktur hat die Systematized Nomenclature of Pathology (SNOP) [13] . Sie liefert die notwendigen Thesaurusfunktionen, um pathologisch-anatomische Aussagen zu beschreiben und beruht auf einer expliziten Datenstruktur. Die SNOP enthält etwa 15.000 Deskriptoren, die im allgemeinen aus mehr als einem Wort bestehen. Sie sind eingeteilt in die folgenden 4 Listen:

Topographie: Liste der Lokalisationsbezeichnungen.

Morphologie: Liste der Bezeichnungen für strukturelle Veränderungen, die in Geweben als Ergebnis von Erkrankungen beobachtet werden können.

Ätiologie: Liste der Bezeichnungen von Agentien für Erkrankungen wie etwa Mikroorganismen, Arzneimittel und Chemikalien.

Funktion: Liste der Bezeichnungen pathophysiologischer Veränderungen, die mit Erkrankungen assoziiert werden können und eine begrenzte Anzahl spezifischer Infektionskrankheiten.

Die vier Listen sind hierarchisch strukturiert. Das Strukturniveau schwankt zwischen zwei und drei. Jede Bezeichnung hat einen Code aus fünf Zeichen. Das erste Zeichen, T, M, E oder F charakterisiert die Zugehörigkeit zu einer Liste, die folgenden vier Zeichen sind Codes für die Position des Deskriptors in der jeweiligen Liste. Hierarchische Relationen sind in der Codestruktur repräsentiert (siehe Bild 3).

Der SNOP unterliegt die Hypothese, daß eine pathologisch-anatomische Aussage formuliert wird in der Form:

morphologische Veränderung an spezieller Lokalisation infolge eines Agens kombiniert mit einer Funktionsstörung.

Eine Diagnose benötigt daher im allgemeinen zu ihrer vollständigen Darstellung einen Eingang in jede der vier Listen.

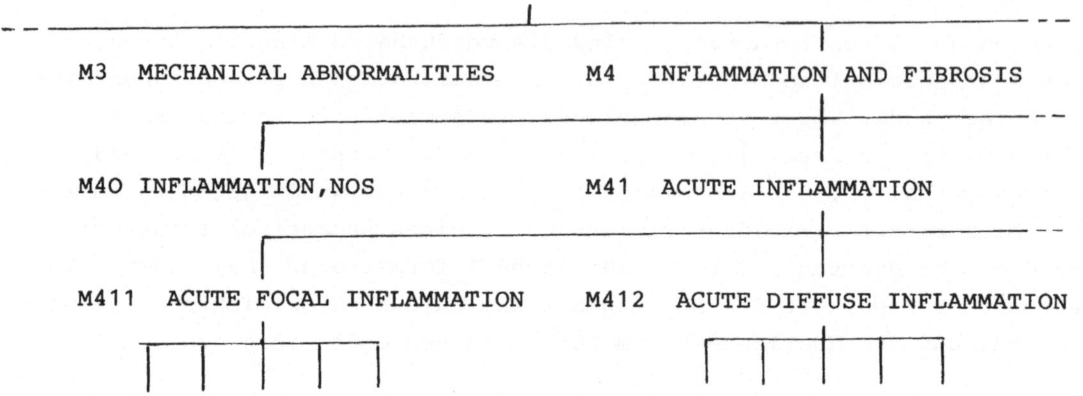

Bild 3: Beispiel für die Struktur der SNOP [13] mit generischen hierarchischen Relationen

Der mit der Verwendung der SNOP erzielte Erfolg führte zu einer Erweiterung, der Systematized Nomenclature of Medicine, SNOMED [3] , dem Versuch, eine "Nomenklatur" für die gesamte Medizin zu erstellen. Sie enthält zusätzlich zu den vier Kategorien der SNOP die beiden Kategorien "Prozeduren" und "Krankheiten". Erfahrungen über den praktischen Einsatz gibt es noch nicht. Der Umfang des Lexikons mit etwa 50.000 Einträgen ist jedoch schon derart, daß eine manuelle Verwendung kaum in Frage kommen kann. Ein Lexikon wie SNOMED sollte daher ein Anreiz zur Entwicklung und Erprobung geeigneter Klartextverfahren sein.

4.4   Pragmatik

In der Pragmatik beschäftigt man sich mit den für einen Anwendungsbereich geeigneten Datenstrukturen. Es gibt vielfältige Beziehungen zu den anderen Bereichen, vor allem zum semantischen Bereich, da die Datenstruktur die Darstellung der inneren Beziehungen zwischen elementaren oder atomaren Aussagen zulassen muß. Wie weit interessierende Relationen auf der semantischen Ebene oder auf der pragmatischen Ebene berücksichtigt werden, hängt von der Existenz und der Art eines Aussagenmodells ab. Wichtige zu berücksichtigende Relationen sind: Äquivalenzrelation, hierarchische Relationen, Antonyme (maligne-benigne), Krankheit-Symptom (Meningitis-Nackensteife), Wirkung-Ursache, Pathogenese (Obstruktion durch Tumor, Hautkoloritveränderung infolge Anämie), Differentialdiagnose-diagnostische Maßnahme (Meningitis-subokcipitale Punktion), Lokalisation und lokalisationsspezifische Veränderung (Limbus corneae-arcus senilis).

"Datenatome" beschreiben einfache semantische Konzepte. Auf ihnen können Daten mit verschiedenem Komplexitätsgrad aufgebaut werden, wie etwa

Bezeichnungen für Zeichen, Syndrome, "einfache" und "komplexe" Krankheiten.

Es gibt einige Systeme, bei denen die Datenstruktur auf dem Konzept des "Kernsatzes" [5] aufgebaut ist. Dabei handelt es sich um eine nicht weiter zerlegbare Einheit, die die Information eines Satzes trägt. Der Kernsatz kann verwendet werden, indem wohldefinierte Regeln angewendet werden.

ACORN (Automatic Coding of Report Narrative) ist ein Frage-Antwort-System für chirurgische Befunde [2] . Die Aussagen werden abgebildet in die Struktur F(x)=y, wobei x und y "Wörter oder kurze Phrasen" sind, und F eine Funktion ist, die Phrasen entspricht wie etwa "Größe des" oder "Zustand des".

Ein zweites System zur Klartextanalyse pathologisch-anatomischer Befundberichte benutzt die semantischen Kategorien Lokalisation, Diagnose und Modifikation [15] . Die Ausagen werden abgebildet in eines von fünf möglichen Datenformaten. Diese sind:

Format	Beispiel
(1) DIAGNOSIS of SITE	Carcinoma of urinary bladder
(2) DIAGNOSIS-ive SITE (adjectival diagnosis)	Normal vermiform appendix
(3) SITE-al DIAGNOSIS (adjectival site)	Renal amyloidosis
(4) DIAGNOSIS = SITE-itis	Appendicitis
(5) SITE with DIAGNOSIS	Uterus with leiomyoma

Der Algorithmus extrahiert Phrasengrenzen aus dem Text, die zu einer Liste von 62 Morphemen, Wörtern oder Phrasen gehören und in 13 Gruppen eingeteilt sind. Diese Phrasengrenzen entsprechen im wesentlichen den in [9] verwendeten Funktionalwörtern bzw. speziellen Flexionsendungen. Ausgehend von Phrasengrenzen werden die verschiedenen möglichen Datenformate auf Konsistenz mit dem Text geprüft. Dabei wird eine begrenzte Anzahl von Paraphrasierungsregeln verwendet.

Das dritte System, entwickelt von einer Arbeitsgruppe um PRATT [7] , baut auf der durch die Systematized Nomenclature of Pathology [13] implizierten Struktur pathologisch-anatomischer Aussagen auf. Hier sollen

<u>Tab. 3</u>: Beispiel für die Datenstruktur bei einer Codierung nach
SNOP [7, 13]

T2600	M8103	E0000	F0000	Bronchus, Carcinoma
T0000	M0000	E6927	F0000	Tobacco (Cigarettes)
T0000	M0000	E0000	F7103	Paroxysmal Nocturnal Dyspnea
T5600	M8106	E0000	F0000	Liver, Metastatic Carcinoma
T5600	M3850	E0000	F0000	Liver, Hemorrhage
T0000	M7051	E0000	F0000	Cachexia
T0000	M0000	E8816	F0000	Fluorouracil Therapy
.	.	.	.	
.	.	.	.	
.	.	.	.	
Txxxx	Mxxxx	Exxxx	Fxxxx	(Language String)

nur die Aspekte dargestellt werden, die die Bedeutung und die vielfältigen Beziehungen zur semantischen Ebene erhellen.

Tab. 3 zeigt einen Ausschnitt aus einer codierten Krankengeschichte. Die Gesamtaussage ist in Teilaussagen, sogenannte TMEF-Sätze zerlegt. Die einzelnen TMEF-Sätze sind durch den logischen Operator "und" verbunden. Erweiterungsmöglichkeiten sind offensichtlich: Zwischen der ersten Teilaussage und der dritten, vierten und sechsten Teilaussage besteht eine kausale Beziehung. Das gleiche ist zwischen der vierten und fünften Teilaussage zu vermuten. Die siebte Teilaussage beschreibt die für die Befunde gewählte Therapie. Zusätzlich zu den durch die Struktur elementarer TMEF-Aussagen implizierten Operatoren sind einige explizite Opetoren notwendig wie etwa: $(TMEF)_1$ bedingt $(TMEF)_2$ oder $(TMEF)_2$ Komplikation von $(TMEF)_1$.

Mit der auf der Basis der Systematized Nomenclature of Pathology [13] entwickelten Systematized Nomenclature of Medicine [3] wird die Grundlage zur Erweiterung auf die gesamte Medizin geschaffen. Diese Klassifikation sieht als neue implizite Relation "Therapie für" vor.

An dieser Stelle sei auch auf das Problem geeigneter Abfragesprachen hingewiesen, das nicht von der Datenstruktur zu trennen ist. Optimal wäre eine Abfrage in natürlicher Sprache. Auf der Basis einer Klassifikation wie SNOP oder SNOMED liegt die Struktur einer Abfragesprache nahe [7] :

All records of "primary choriocarcinoma of the uterus
with metastases to the liver and with no metastases to
the lung":

```
IF SNOP   EQ T8300 M8823 /
AND SNOP  EQ T5600 M8826 /
AND NOT SNOP EQ T2800 M8826.
```

Auch für die Datenpräsentation bildet eine gute semantische Struktur eine wichtige Grundlage. Diese Form der Datenpräsentation kann auch als Grundlage für die Hypothesengenerierung bei Syndromen verwendet werden (siehe Bild 4 [7]).

T \ M	2919	3850	4046	4060	4200	5453	7643	8806	8809
0470							*		
0X00	*								*
2800			*						*
3100				*					*
5600									*
5610					*				
7110	*								
X240						*			
Y240								*	

Bild 4: Beispiel für die Datenpräsentation bei Beschränkung auf die Kategorien T (Topographie) und M (Morphologie). Besetzte TM-Gruppen sind durch * gekennzeichnet [7]

Wie die erwähnten Bereiche der Klartextverarbeitung ineinander greifen, soll abschließend an einem Beispiel erläutert werden:

```
MYCOENCEPHALITIS                                   Aussage
   ↓              ↓                 ↓
MYCO           ENCEPHAL            ITIS            Morphologie
   ↓              ↓                 ↓
FUNGUS         GEHIRN          ENTZÜNDUNG  }
   ↓              ↓                 ↓      }       Semantik
E4010          TX200              M4000    }

     TX200  M4000   E4010   F0000                  Pragmatik

ENTZÜNDUNG  DES GEHIRNS DURCH PILZE                Rückübersetzung

"Innere" Relationen der Datenstruktur
```

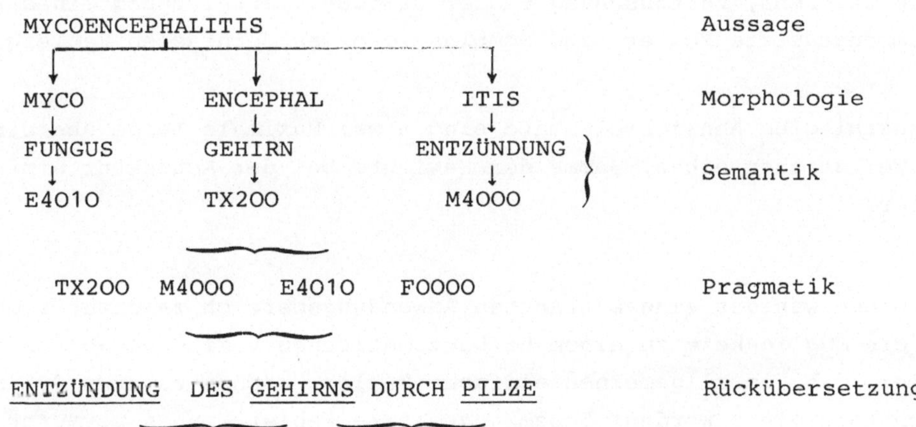

4.5 Fehlerkorrektur

Die Korrektur fehlerhafter Texte - eine Voraussetzung jeder Form der
Klartextverarbeitung - ist bisher noch nicht überzeugend gelöst. An
diesem Problem muß dringend gearbeitet werden, da bei routinemäßig eingesetzten Systemen zur Klartextverarbeitung - etwa in der Medizin - die
manuelle Korrektur zu einer starken Arbeitsbelastung führt, für die oft
nicht genügend Personal zur Verfügung steht. Maßgebend für die, gemessen
an der Bedeutung des Problems geringen Aktivitäten, scheint zu sein:

- Den Theoretiker, der sich mit der Entwicklung von Algorithmen
  zur Klartextverarbeitung befaßt, interessieren nur korrekte Daten.

- Die Korrektur fehlerhafter Texte setzt mindestens ein Lexikon
  der erlaubten Wörter voraus. Regelintensive Verfahren dienen
  allenfalls zur Vermutung, nicht aber zur Korrektur von Fehlern.

- Die Korrektur von Fehlern verlangt eine Klassifikation von
  Fehlern und ein eventuell vom Anwendungsbereich abhängiges
  Ähnlichkeitsmaß für Wörter.

Ansätze zu einer automatischen Fehlerkorrektur gibt es bei wenigen Frage-
Antwort-Systemen mit stark eingeschränktem Sprachbereich. In [6] wird
über ein Verfahren auf der Basis des AGK-Thesaurus berichtet, was besonders naheliegt, da dieser Thesaurus bereits ein Vollwortlexikon beinhal-
tet.

Die Fehler werden üblicherweise eingeteilt in "einfache" Fehler und "zusammengesetzte" Fehler. Einfache Fehler sind: Auslassung bzw. Einfügung
eines Zeichens, Vertauschung zweier Zeichen, Verfälschung eines Zeichens.
Zusammengesetzte Fehler sind Kombinationen aus einfachen Fehlern.

Vorgeschlagene Ähnlichkeitsmaße sind etwa: Maximale Länge übereinstimmen-
der Teilzeichenreihen, Summe der Gewichte bei der Korrektur einfacher
Fehler.

Für einen weniger eingeschränkten Anwendungsbereich zeichnet sich z.Zt.
nur die Möglichkeit zu einem halbautomatischen Verfahren ab: Eindeutige
Fehler, d.h. im allgemeinen einfache Fehler, können zu etwa 80% automatisch korrigiert werden. Zusammengesetzte Fehler können vermutet werden,
wobei eventuell auch Vorschläge für Korrekturen gemacht werden können.

5   PROBLEME UND AUSBLICK

Es gibt für viele Einzelprobleme Lösungen oder wenigstens Lösungsansätze. Kompliziertere Systeme sind um so besser, je eingeschränkter der Anwendungsbereich ist. In der Medizin wird vor allem eine mangelnde Standardisierung der Terminologie und ein Mangel an guten Klassifikationen empfunden. Die Forderungen nach umfassenden Klassifikationen möglichst geringen Umfanges, breiter Akzeptanz und Lösung lokaler Probleme konkurrieren miteinander. Je weiter eine Klassifikation verbreitet ist, um so unflexibler ist sie gegenüber den durch neue Erkenntnisse bedingten Änderungen. Befriedigende Kompromisse können wohl nur in der Bereitstellung eines Klassifikationsgerüstes und der Ergänzung durch fachspezifische Mikroglossare gesucht werden. Versuche, Ärzten eine stärker formalisierte Standardsprache aufzuzwingen, sind bisher gescheitert.

In der Dokumentation kann auch bei Codierungen nicht auf die Speicherung der Klartexte verzichtet werden, wenn der Weg zu späteren automatischen Codierungen offengehalten werden soll. Als semantisches Lexikon sollte eine Klassifikation gewählt werden, die möglichst gut strukturiert und detailliert ist. Codierungen nach anderen Systemen wie etwa die notwendige Codierung der Todesursachen nach der International Classification of Diseases sollten soweit möglich über Umcodierungstabellen sekundär gemacht werden.

LITERATUR

[1] BRAUN, S., SCHWIND, C.: Automatic, Semantics-based Indexing of Natural Language Texts for Information Retrieval Systems. (Technische Universität München, Report Nr. 7505 (1975)).

[2] BROSS, I.D.J., PRIORE, R.L., SHAPIRO, P.A., STERMOLE, D.E., ANDERSON, B.B.: Feasibility of Automated Information Systems in the User's Natural Language. Americ. Scientist 57 (1969) 193 - 205.

[3] COLLEGE OF AMERICAN PATHOLOGISTS: Systematized Nomenclature of Medicine. (Chicago, Ill.: College of American Pathologists 1976).

[4] GORDON, B.L. (ed.): Current Medical Information and Terminology (CMIT). (Chicago, Ill.: Medic. Ass. 1971).

[5] HARRIS, Z.S.: Mathematical Structure of Language. (New York: Wiley 1968).

[6] KÜSEL, W.: Automatische Fehlererkennung und Korrektur. Vortrag auf der Jahrestagung der GMDS, Heidelberg 1975.

[7] PRATT, A.W.: Medicine, Computers and Linguistics.
Adv. Biomed. Engineering 3 (1973) 97 - 140.

[8] RÖTTGER, P., WINGERT, F., FEIGL, W., GRÄPEL, P., GROSS, W.M.,
RIES, P., MATAKAS, F.: Structure and Development of a Thesaurus
for Accomodation of Autopsy and Biopsy Records to Automatic Free-
Text Evaluation.
4th Congress of the "Europäische Gesellschaft für Pathologie",
Budapest 1973.

[9] SIEMENS: Condor.
(Siemens Datenverarbeitung München 1975).

[10] UICC (International Union Against Cancer): Illustrated Tumor
Nomenclature.
(Berlin, Heidelberg, New York: Springer 1969).

[11] WINGERT, F.: Word Segmentation and Morpheme Dictionary for
Pathology Data Processing.
In: ANDERSON, J., FORSYTHE, J.M. (edts.): Proceedings of the MEDINFO
1974 (Amsterdam: North-Holland Publ. Comp. 1974).

[12] WINGERT, F.: A Model for Segmentation of Medical Compound Word Forms.
Vortrag auf der MEDINFO 1977, Toronto (Amsterdam: North-Holland
Publ. Comp., im Druck).

[13] WINGERT, F., GRÄPEL, P.: Systematized Nomenclature of Pathology.
Deutsche Übersetzung. (Schriftenreihe des Instituts für Medizinische
Informatik und Biomathematik der Universität Münster 1975).

[14] WITTIG, T.: Semantische Analyse von Sätzen zur Erfassung eines
Sachverhaltes. (Dissertation, Institut für Informatik der Universität
Hamburg 1975).

[15] WONG, R.L., GAYNON, P.: An Automated Parsing Routine for Diagnostic
Statements of Surgical Pathology Reports.
Meth. Inform. Med. 10 (1971) 168 - 175.

U. Wieland

1   ZIEL DES PROJEKTS CONDOR

Das Projekt CONDOR (COmmunikation in Natürlicher Sprache mit Dialog-Orientiertem Retrievalsystem) hat das Ziel, ein Informationssystem zu schaffen, das die optimale Speicherung und Wiedergewinnung sowohl formatierter als auch unformatierter Daten ermöglicht. Insbesondere können natürlichsprachliche Dokumente (Texteinheiten, nach denen gesucht werden kann) aller Fachgebiete durch CONDOR automatisch analysiert, deskribiert und klassifiziert werden, wodurch der Aufbau einer Datenbank im natürlichsprachlichen Bereich weitgehend automatisiert wird.

CONDOR wird seit 1972 unter Leitung von BANERJEE und KREUTZ entwickelt. Seit 1973 wird das Projekt vom Bundesministerium für Forschung und Technologie gefördert.

2   AUFGABE DER LINGUISTISCHEN ANALYSE

Um den Aufbau von natürlichsprachlichen Dokumenten zu automatisieren, ist zunächst eine syntaktische und semantische Analyse der Texte notwendig. Für die linguistische Analyse ergeben sich dabei folgende drei Aufgaben:

(1) Die automatische Ermittlung potentieller Deskriptoren. Aus dem fortlaufenden Text werden die bedeutungstragenden Wörter (Substantive, Adjektive und Verben) ermittelt und auf ihre Stämme zurückgeführt. Diese Wortstämme dienen als potentielle Deskriptoren. Ihre Ermittlung wird im folgenden Kapitel ausführlich beschrieben.

(2) Gewichtung der potentiellen Deskriptoren. Aufgrund morphologischer Kriterien sowie aufgrund der Satzstruktur wird eine Gewichtung der Wortstämme durchgeführt. So gewichtete potentielle Deskriptoren bilden die Grundlage für die automatische Deskribierung und Klassifikation der Dokumente. Eine detaillierte Erläuterung der Dokumentenklassifikation würde den hier gesteckten Rahmen sprengen.

(3) Abspeicherung der Dokumente in einer formalen Sprache. Um eine Suche auch innerhalb von Dokumenten zu ermöglichen, werden die Texte in eine formallogische Sprache abgebildet. Da damit nicht nur die Begriffe

selbst, sondern auch semantische Relationen zwischen den Begriffen abgespeichert werden, ist bei der Suche eine wesentlich größere Treffsicherheit zu erwarten.

Während die beiden ersten Punkte schon weitgehend realisiert sind und sich
in der Testphase befinden, ist der Punkt (3) noch in der Entwicklungs-
phase.

3   <u>DIE EINZELNEN KOMPONENTEN DER LINGUISTISCHEN ANALYSE</u>

Anhand eines Beispielsatzes sollen die einzelnen Komponenten der linguistischen Analyse erläutert werden. Der Satz stammt aus Operationsberich-
ten, die uns freundlicherweise vom Institut für Medizinische Datenverarbeitung in München zur Verfügung gestellt wurden. Die Ergebnisse zeigen
den Stand der Analyse vom Februar 1977.

3.1   <u>Erkennung der Wortart</u>

Der erste Schritt der linguistischen Analyse ist die Wortarterkennung.
Dies geschieht in zwei Stufen. Zunächst werden durch die Wortanalyse zu
jedem Wort kontextfrei die möglichen Wortarten bestimmt. Anschließend
löst die Homographenanalyse die Mehrdeutigkeiten durch Berücksichtigung
des Kontextes auf. Für den Beispielsatz ergeben sich folgende Ergebnisse:


```
WORTANALYSE

NACH                      PRP  POP  PA1  VAD
EROEFFNUNG                NOM
DER                       DET  REL  PRN
BAUCHHOEHLE               NOM
DURCH                     PRP  VAD
PARAREKTALEN              NOM  ATT
UNTERBAUCHSCHNITT         NOM
RECHTS                    NOM  PRP  FAV
IN                        PRP  PA1
EINER                     DET  PRN
LAENGE                    NOM  VRB
VON                       PRP  PA1
7                         ZAN  ZAT
CM                        NOM
FINDET                    VRB
SICH                      PRN
KEIN                      DET
EXSUDAT                   NOM
IM                        PRP
BAUCHRAUM                 NOM
.                         SAZ
```

HOMOGRAPHENANALYSE

```
NACH                    PRP
EROEFFNUNG              NOM
DER                     DET
BAUCHHOEHLE            NOM
DURCH                   PRP
PARAREKTALEN           ATT
UNTERBAUCHSCHNITT      NOM
RECHTS                  PRP
IN                      PRP
EINER                   DET
LAENGE                 NOM
VON                     PRP
7                       ZAT
CM                      NOM
FINDET                  VRB
SICH                    PRN
KEIN                    DET
EXSUDAT                NOM
IM                      PRP
BAUCHRAUM              NOM
.                       SAZ
```

Dabei bedeutet: PRP: Präposition, POP: Postposition, PA1: Präpositional-
adjunkt 1 (bis nach ...), VAD: Verbadjunkt, NOM: Nomen, DET: Determina-
tor, REL: Relativpronomen, PRN: Pronomen, ATT: Attribut, FAV: Funktions-
adverb, VRB: finites Verb, ZAN: nominales Zahlwort, ZAT: attributives
Zahlwort, SAZ: Satzendezeichen.

Interessant ist dabei besonders die Konzeption der Wortanalyse: Im Gegensatz zu den meisten anderen Systemen besitzt das System nur ein sehr
kleines Wörterbuch, das ausschließlich Informationen über Funktionswörter enthält (Präpositionen, Pronomen, Artikel, Hilfsverben, etc.) und ca.
800 Einträge umfaßt. Die Informationen über bedeutungstragende Wörter
(Substantive, Adjektive, Verben und Adverben) werden dagegen über einen
Algorithmus erschlossen. Durch Berücksichtigung der Regelmäßigkeiten der
deutschen Sprache können somit Begriffe, die dem System bisher nicht bekannt waren, in den meisten Fällen richtig analysiert werden.

Zudem wird der Algorithmus nicht manuell, sondern automatisch aufgebaut.
Ausgehend von einer Liste von (z.Zt. 30.000) Wörtern mit zugehörigen Wortarten leitet sich das Programm selbst die Regeln ab, nach denen die Wortarten bestimmt werden können. Somit kann der Anwender, sofern er falsch
analysierte Wörter findet, selbst durch Hinzunahme der Wörter zu der
Wortliste und einen anschließenden Programmlauf den Algorithmus verändern.

Die Konzeption der Wortanalyse ist richtungsweisend für die Konzeption
der gesamten linguistischen Analyse. Da CONDOR mit Ausnahme des o.g.

Funktionswörterbuchs kein Wörterbuch besitzt, müssen alle weiteren Informationen aus Algorithmen erschlossen werden, die eventuell durch Ausnahmelisten ergänzt werden. Die leichte Änderbarkeit der Algorithmen ist bisher nur für die Wortanalyse realisiert, soll jedoch auch bald für weitere Stufen ermöglicht werden.

3.2 Rückführung auf Wortstämme

Um verschiedene Formen eines Wortes auf denselben Suchbegriff zurückführen zu können, wird eine Lemmatisierung durchgeführt, die alle Substantive, Adjektive und Verben auf ihre Grundform zurückführt.

```
LEMMATISIERUNG

NACH
EROEFFNUNG          EROEFFNUNG
DER
BAUCHHOEHLE         BAUCHHOEHLE
DURCH
PARAREKTALEN        PARAREKTAL          POSITIv
UNTERBAUCHSCHNITT   UNTERBAUCHSCHNITT
RECHTS
IN
EINER
LAENGE              LAENGE
VON
7                   7                   KARDINAL
CM                  CM
FINDET              FINDEN                 3IG 5IG
SICH
KEIN
EXSUDAT             EXSUDAT
IM
BAUCHRAUM           BAUCHRAUM
```

Für die spätere Satzstrukturanalyse werden zusätzlich Informationen über die Art der Flexion geliefert, wie hier z.B. bei dem Wort "findet" die Information 3IG (3. Person Indikativ Gegenwart) und 5IG (5. Person = 2. Person Plural Indikativ Gegenwart).

Der nächste Schritt ist die Derivationsanalyse, die die Grundform auf den Wortstamm zurückführt. Damit werden morphologisch und inhaltlich verwandte Begriffe, wie beispielsweise "Eröffnung" und "eröffnen" auf denselben Suchbegriff abgebildet.

```
DERIVATIONSANALYSE

EROEFFNUNG          EROEFF-             VRB-DERIV
BAUCHHOEHLE         BAUCHHOEHL-
PARAREKTALEN        PARAREKT-
LAENGE              LAENG-
FINDET              FIND-               VRB-DERIV
EXSUDAT             EXSUD-              NOM/VRB-DE
```

Neben dem Stamm wird intern noch eine Information über die Art der Suffixe mitgeliefert. Damit können solche Begriffe unterschieden werden, die nicht verwandt sind, aber zufällig denselben Stamm haben (z.B. Regel und Regal mit Reg).

Ein Abfallprodukt der Derivationsanalyse ist die semantische Kategorisierung der endungstragenden Wörter. Da die meisten Suffixe auf bestimmte semantische Klassen verweisen (z.B. -keit auf Eigenschaften), können mit einfachsten Mitteln zu vielen Begriffen semantische Informationen gewonnen werden.

Die Wortstämme mit den zugehörigen Suffixkennzeichnungen bilden nur die potentiellen Deskriptoren. Als weitere potentielle Deskriptoren dienen die einzelnen Bestandteile zusammengesetzter Wörter. Zu diesem Zweck ist eine Kompositazerlegung notwendig:

```
KOMPOSITAZERLEGUNG

EROEFFNUNG
BAUCHHOEHLE                                      1
  BAUCH HOEHLE                                   2
PARAREKTALEN
UNTERBAUCHSCHNITT                                1
  UNTERBAUCH SCHNITT                             2
LAENGE
CM                                               1

FINDET
EXSUDAT                                          1
BAUCHRAUM                                        1
  BAUCH RAUM                                     2
```

Die einzelnen Bestandteile werden ebenfalls auf ihren Stamm zurückgeführt, so daß sich für unseren Beispielsatz folgende potentielle Deskriptoren ergeben: EROEFF, BAUCHHOEHL, BAUCH, HOEHL, PARAREKT, UNTERBAUCHSCHNITT, UNTERBAUCH, SCHNITT, LAENG, CM, FIND, EXSUD, BAUCHRAUM, RAUM.

3.3   Satzstrukturanalyse

Vor dem Aufbau des Strukturbaumes findet eine Verbalgruppenanalyse sowie eine Nominalgruppenanalyse statt. Ziel der Verbalgruppenanalyse ist neben der Erkennung von Tempus, Modalität etc. auch die Bestimmung von Haupt- und Nebensätzen.

Die einheitliche Numerierung in der mittleren Spalte besagt, daß der Beispielsatz nur aus einem Hauptsatz besteht. Die rechte Zahlenreihe liefert eine Numerierung der Nominalgruppen, die in der folgenden Stufe gebraucht wird:

SUBSATZANALYSE

NACH	11	111
EROEFFNUNG	11	111
DER	11	121
BAUCHHOEHLE	11	121
DURCH	11	131
PARAREKTALEN	11	131
UNTERBAUCHSCHNITT	11	131
RECHTS	11	141
IN	11	141
EINER	11	141
LAENGE	11	141
VON	11	151
7	11	151
CM	11	151
FINDET	11	000
SICH	11	161
KEIN	11	171
EXSUDAT	11	171
IM	11	181
BAUCHRAUM	11	181
	01	000

Die Nominalgruppenanalyse erkennt Kasus, Numerus und Genus von Nominalgruppen. Dabei erscheint nur dann eine Ausgabe, wenn ein eindeutiges
Ergebnis erzielt werden konnte. In den übrigen Fällen wird für den Kasus anschließend eine Wahrscheinlichkeitsentscheidung getroffen.

KASUSERKENNUNG

NACH			
EROEFFNUNG	DATIV	SINGULAR	FEM
DER			
BAUCHHOEHLE			
DURCH			
PARAREKTALEN			
UNTERBAUCHSCHNITT	AKKUSATIV	SINGULAR	MASK
RECHTS			
IN			
EINER			
LAENGE	DATIV	SINGULAR	FEM
VON			
7			
CM	DATIV		
FINDET			
SICH			
KEIN			
EXSUDAT		SINGULAR	NEUTR
IM			
BAUCHRAUM	DATIV	SINGULAR	MASK

Weitere Analyseschritte, die noch vor dem Aufbau des Strukturbaumes durch-
laufen werden, sind die Präpositionalanalyse und die Konjunktionalanalyse. Die Präpositionalanalyse versucht, die semantische Bedeutung von
Präpositionen zu erkennen, also z.B. zwischen "nach 5 Uhr" (temporal)

```
01AUSS**.
02  PROP
03    KOND
04    | PG
05    |   PRPF
06    |   | K18 **NACH
05    |   NG
06    |     DETQ
07    |     | QIND
06    |     NK
07    |       NK
08    |       | K1   **EROEFFNUNG
07    |       ATTR
08    |         NG
09    |           DETQ
10    |           | K9  **DER
09    |           NK
10    |             NK
11    |             | K1  **BAUCHHOEHLE
10    |             INST
11    |               PG
12    |                 PRPF
13    |                 | K18 **DURCH
12    |                 NG
13    |                   DETQ
14    |                   | QIND
13    |                   NK
14    |                     NK
15    |                     | NK
16    |                     | | K1  **UNTERBAUCHSCHNITT
15    |                     | SEMK
16    |                     |   PG
17    |                     |     PRPF
18    |                     |     | K18 **RECHTS
18    |                     |     | K18 **IN
17    |                     |     NG
18    |                     |       DETQ
19    |                     |       | K9  **EINER
18    |                     |       NK
19    |                     |         NK
20    |                     |         | K1  **LAENGE
19    |                     |         QUAL
20    |                     |           PG
21    |                     |             PRPF
22    |                     |             | K18 **VON
21    |                     |             NG
22    |                     |               DETQ
23    |                     |               | QIND
22    |                     |               NK
23    |                     |                 NK
24    |                     |                 | K1   **CM
23    |                     |                 ATTR
24    |                     |                   K8   **7
14    |                     ATTR
15    |                       K2   **PARAREKTAL
03    PROP
04      VMOD
05      | TPKZ
04      VREL
05      | K3   **FINDEN
04      SUBJ
05      | NG
06      |   DETQ
07      |   | QIND
06      |   NK
07      |     K13 **SICH
04      OBDR
05        NG
06          DETQ
07          | K9   **KEIN
06          NK
07            NK
08            | K1   **EXSUDAT
07            LOMO
08              PG
09                PRPF
10                | K18 **IM
09                NG
10                  DETQ
11                  | QIND
10                  NK
11                    K1   **BAUCHRAUM
```

und "nach Hamburg" (direktional) zu unterscheiden. Da semantische Informationen nur über Funktionswörter sowie über endungstragende Begriffe
zur Verfügung stehen, sind die Analyseergebnisse nicht immer eindeutig.
Die Konjunktionalanalyse hat die Aufgabe, die richtige Zusammengehörig-
keit von konjugierten Satzgliedern zu erkennen.

Die Ergebnisse von Nominal- und Verbalgruppenanalyse sowie von Konjunk-
tional- und Präpositionalanalyse werden schließlich in einem Strukturbaum zusammengefaßt, der den syntaktischen Bau des Satzes widerspiegelt.
Semantische Informationen, soweit sie bisher erkannt werden können, sind
ebenfalls in dem Baum enthalten.

Der Baum ist nicht, wie gewohnt, von oben nach unten, sondern von links
nach rechts zu lesen. Das heißt, daß jede nach rechts eingerückte Zeile
sowie alle mit senkrechten Strichen damit verbundenen Zeilen als Unter-
knoten zu der jeweils vorherigen, weiter links stehenden Zeile aufzufassen
sind.

Neben rein syntaktischen Knoten wie PROP (Präposition), NG (Nominalgruppe), PG (Präpositionalgruppe) etc. finden sich hier auch semantische
Knoten wie INST (Instrumental), LOMO (lokal oder modal) oder SEMK
(unbestimmte semantische Kategorie).

Einige bisher noch nicht gelöste Probleme, die jedoch in absehbarer Zeit
bearbeitet werden sollen, sind die Einbettung von Präpositionalgruppen
(in unserem Beispiel wird fälschlicherweise "durch Unterbauchschnitt" als
Attribut zu "Bauchhöhle" aufgefaßt), weiterhin die Pronominalisierung
(Ersetzung der Pronomen durch das, worauf sie sich beziehen), sowie der
Aufbau eines Verbvalenzlexikons. Durch diese Schritte sowie durch Optimierung der bereits vorhandenen Analyseschritte hoffen wir, die Qualität
des Strukturbaumes noch wesentlich verbessern zu können.

3.4   Formale Sprache

Um ohne großen Informationsverlust eine möglichst effiziente Abspeicherung der Satzstruktur zu erhalten, wird der Strukturbaum in eine prädi-
katenlogische Sprache abgebildet. Als Relationen dienen neben den Verben
noch die semantischen Kategorien der Präpositionalgruppen.

Da das System keine Informationen über die reale Welt besitzt, stellen
die gebundenen Variablen $XO1$, $XO2$ etc. keine Referenz auf reale Objekte

```
(ALL X01 ALL X02 ALL X03 ALL X04
   ALL X05
   (KOND X01
    & NOMS X01 EROEFFNUNG
    & ATTR X01 X02
    & NOMS X02 BAUCHHOEHLE
    & INST X02 X03
    & NOMS X03 UNTERBAUCHSCHNITT
    & SEMK X03 X04
    & NOMS X04 LAENGE
    & QUAL X04 X05
    & NOMS X05 CM
    & NUMS X05 7
    & ATTR X03 PARAREKTAL)
-> ALL X06
   ((NOMS X06 EXSUDAT
       & LOMO X06 BAUCHRAUM)
   -> FINDEN SICH X06))
```

dar, sondern kennzeichnen lediglich zusammengesetzte Begriffe. So steht
in unserem Beispiel X06 für "Exsudat im Bauchraum".

Mit einem semantischen Netz, in dem Relationen zwischen Begriffen
gespeichert werden sollen, hoffen wir, auch ohne einen wesentlich größeren Einstieg in die Semantik eine Reihe von logischen Deduktionen durchführen zu können, um so die Treffsicherheit beim Retrieval wesentlich zu
erhöhen.

4 MEDIZINISCHE ANWENDUNGEN

Da CONDOR für alle Fachbereiche gleichermaßen verwendbar ist, sind auch
medizinische Anwendungen geplant. Z.Zt. sind zwei Piloteinsätze in Vorbereitung: Beim Institut für Medizinische Statistik und Datenverarbeitung
der TU München soll die linguistische Analyse bei der automatischen Erkennung von Diagnosen aus Arztbriefen eingesetzt werden. Bei DOMINIG I
in Berlin soll die Giftinformationszentrale auf EDV umgestellt werden,
wobei ebenfalls der Einsatz von CONDOR geplant ist.

LITERATUR

[1] SIEMENS AG: CONDOR-Bericht 74.
    (Siemens AG, ZB VuE).

[2] BANERJEE, N.: Verwendung der natürlichen Sprache im Dialogverkehr
    mit Informationssystemen.
    In: MATTHÖFER, H. (Hrsg.): Forschung aktuell. Datenverarbeitung 1976.

[3] BILLMEIER, R.: Automatische Syntaxanalyse und die Behandlung der
    Funktionswörter.
    (Magisterarbeit, München 1974).

[4] SCHÜLER, F.: Analyse deutscher Nominalgruppen bezüglich ihrer
    syntaktischen Kategorien im Rahmen eines automatischen syntaktischen
    Analyseverfahrens.
    (Magisterarbeit, München 1975).

<u>UNTERSUCHUNGEN ZUR STATISTISCH-SYNTAKTISCHEN</u>

<u>STRUKTUR MEDIZINISCHER TEXTE</u>

P. Schefe

Die Motivation für die Untersuchung [3] , die hier in Ausschnitten referiert werden soll, war linguistisch-stilistischer Art: Welche syntaktischen Muster werden in wissenschaftlichen Fachsprachen vornehmlich
benutzt und welche Funktionen haben sie im Kontext fachlicher Kommunikation? Die erste Frage wurde durch eine statistische Analyse zu beantworten versucht, die sich auf eine teilautomatisierte Grammatik (sog.
'Annäherungsgrammatik') stützt. Die statistischen Daten über die Syntax
wurden dann mit Hypothesen über Funktionen von Ausdrucksformen korre-
liert. Da es keine Vergleichsdaten für eine 'durchschnittliche Sprache'
gibt, wurden verschiedene fachsprachliche Kontexte aus Medizin, BWL und
Literaturwissenschaft miteinander kontrastiert.

Die 'Annäherungsgrammatik' [1] besteht aus ebenenweise geordneten endlichen Automaten mit einigen heuristischen Erweiterungen für Kontextsen-
sitivitäten und Transformationen (Ebenen: Wortformen (1), Wortklassen
(2), Nominal-, Adverbial- und Verbalgruppen (3), Subsätze (4) und Ge-
samtsätze (5)). Über diesen Ebenen wurde eine statistische Datenerhebung
durchgeführt. Die Feststellung der Wortklasse geschieht manuell (kein
Lexikon, keine automatische Lemmatisierung), alles übrige maschinell
(Parsing, Statistiken). Zur Interpretation der Daten wurde im wesentlichen die funktionale Grammatik [2] herangezogen. Sie bringt Ausdrucksformen (z.B. Nominalgruppe) mit Leistungen (z.B. Beschreibung von Objek-
ten) in Verbindung [6] .

Hervorstechendes Merkmal der medizinischen Fachsprache ist die Nominali-
sierung. Diese Tendenz ist statistisch feststellbar z.B. in häufigerem
Gebrauch bestimmter Nominalgruppen im Vergleich zu anderen Textsorten.
Die statistisch signifikanten Unterschiede wurden vor allem in Hinblick
auf die in der Medizin vorherrschende Kompaktheit der deskriptiven Terminologie interpretiert. Signifikante Unterschiede auf verschiedenen
syntaktischen Ebenen ergaben sich zum Teil auch innerhalb der Medizin,
und zwar zwischen Lehrbüchern und wissenschaftlichen Zeitschriften. Die
Untersuchung basiert auf einem Korpus von ca. 30.000 Wörtern, das aus ge-
streuten Stichproben aus mehreren vielbenutzten Hochschullehrbüchern

und Zeitschriften zusammengestellt wurde. Auf dieser noch relativ schmalen Basis sind die Folgerungen für die medizinische Dokumentation noch weitgehend hypothetisch.

LITERATUR

[1] EGGERS, H. et al.: Elektronische Syntaxanalyse.
    (Tübingen 1969).

[2] HALIDAY, M.A.K.: Explorations in the Function of Language.
    (London 1973).

[3] SCHEFE, P.: Statistische syntaktische Analyse von Fachsprachen.
    (Göppingen 1975).

[4] SCHEFE, P.: Die syntaktische Struktur wissenschaftlicher Texte -
    Ergebnisse einer empirischen Untersuchung.
    In: Deutsche Gesellschaft für Dokumentation (Hrsg.): Deutscher
    Dokumentartag (1976) 322 - 333.

[5] SCHEFE, P.: Zur Funktionalität der Wissenschaftssprache - am
    Beispiel der Medizin.
    In: BUNGARTEN, T. (Hrsg.): Wissenschaftssprache (im Druck).

[6] WINOGRAD, T.: Understanding Natural Language.
    (Edinburgh 1972).

AUTOMATISCHE KOMPOSITAZERLEGUNG MIT EINEM MINIMALWÖRTERBUCH

ZUR INFORMATIONSGEWINNUNG AUS BELIEBIGEN FACHTEXTEN

G. Schott

1 AUSGANGSPUNKT UND ZIELSETZUNG

Die Zerlegung von beliebigen Komposita (zusammengesetzte Substantive oder Adjektive) in richtige Komponenten unter Verwendung eines zahlenmäßig geringen Wortschatzes soll dazu dienen, in Informationssystemen auch nach Teilbegriffen abfragen zu können, ohne eine Auflistung aller existenten und potentiellen Wortbildungen erforderlich zu machen. Dabei soll ein Minimum an Wörtern ein Maximum an bereits lexikalisierten und noch bildbaren Komposita abdecken. Ihre Zerlegung in richtige Komponenten ist ein die Linguistik wie die Informatik angehendes Problem, zumal Fachsprache und Alltagssprache nur anscheinend eine unüberwindliche Grenze haben, die definitorisch nicht so einfach festzulegen ist, wie es bisher oft den Anschein hatte [3] .

Nach einem Verfahren der automatischen Kompositazerlegung mit einem Minimalwortschatz zu suchen, empfiehlt sich aus mehreren Gründen:

- Durch die Verschmelzung von einander zunächst fremden Fachgebieten wird es zunehmend unmöglich, einen für ein Spezialgebiet charakteristischen Wortschatz genau anzugeben.

- Die Neubildungen im Bereich der Komposita bei Substantiven und Adjektiven haben einen beträchtlichen Anteil an unserem gegenwärtigen Wortschatzzuwachs.

- Viele sogenannte ad hoc-Bildungen oder okkasionelle Bildungen werden, obwohl in Gebrauch, nicht lexikalisiert oder entwickeln sich erst nach einiger Zeit zu erklärten termini technici:

        Milch/säure/rest/stoff/wechsel,
        Knochen/mark/plasma/zelle/n,
        Sekundär/ion/en/masse/n/spektroskopie.

Diese Tendenzen in der deutschen Sprache würden ein Wörterbuch nicht nur sehr umfangreich machen, sondern bei Fragen automatischer Bearbeitung von

Texten immer wieder nach der Möglichkeit suchen lassen, Wörterbücher aus
laufenden Texten zu generieren, wie es für verschiedenste Fachgebiete,
darunter auch für die Medizin bereits praktiziert wurde [7] . Auch bei
der Generierung von Wörterbüchern aus laufenden Texten gibt es ohne Zer-
legungsverfahren für zusammengesetzte Substantive noch reichlich viel
redundante Informationen, da durch die beiden produktiven Bildungsarten,
die den Wortschatzzuwachs hauptsächlich bedingen, die Komposition (Zusammensetzung) und die Derivation (Ableitung durch Suffixe) viele Komponenten überflüssig werden. Durch eine Reduktion auf Grundbausteine der
Wortbildung kann die Zahl der benötigten Wörter um ein Vielfaches verringert werden. Dabei ist in vorliegender Untersuchung nicht in erster
Linie von Häufigkeitskriterien ausgegangen worden, sondern von Beobachtungen über die regelgebundene Kreativität [1] der Kompositionsbildung
im Deutschen, die sich nach systematisch möglichen Mustern vollzieht.
Solche Muster lassen sich kaum leichter ablesen als durch einen an großen
Datenmengen getesteten Algorithmus, der auf bestimmten Annahmen über die
Grundbausteine und deren Zusammensetzungen beruht, und dessen Ergebnisse
wiederum den Algorithmus selbst beeinflussen und zu Änderungen Anlaß geben können. Dem hier zu beschreibenden Verfahren wurde ein Algorithmus
und ein Wortschatz aus folgenden Listen zugrundegelegt:

1. Produktive Grundwörter: (Lungen)<u>entzündung</u>, (Gehirn)<u>ödem</u>
2. Präfixe: <u>Ab</u>(schuppung), <u>Zer</u>(streuungslinsen), <u>Prä</u>(cancerose)
3. Präfixoide Elemente: <u>Pseudo</u>(gravidität), <u>Grund</u>(umsatz)
4. Fugenmorpheme (Verbindungsmorpheme zwischen Wortkomponenten):
   (Säft)<u>e</u>(entmischung), (Kind)<u>er</u>(krankheit)

Zwei Gesichtspunkte wurden bei der Lösung des Problems in den Vorder-
grund gestellt:

1. Durch eine relativ kleine Zahl von benötigten Wörtern den Suchauf-
   wand minimal zu halten;

2. bei beliebig wachsendem Wortschatz auch Neubildungen der Analyse
   unterwerfen zu können.

Die produktiven Grundwörter, d.h. Wörter, die Komposita verschiedenster
Zusammensetzung bilden können, wurden [2] entnommen.

2   DIE AUSWAHL EINES REPRÄSENTATIVEN WORTSCHATZES AN GRUNDWÖRTERN

Unter folgender Einschränkung wurden alle produktiven Grundwörter aus [2] zusammengestellt:

Grundwörter, deren angeführte Komposita sich auf maximal 4 beschränkten und gleichzeitig als veraltet oder als familiäre Bildungen gelten können, wurden nicht erfaßt. Daneben wurde die Möglichkeit offen gelassen, wichtige Einträge in der Grundwortliste zusätzlich zu speichern, da der Wortschatz der Grundwörter ergänzungsbedürftig ist, weil

- das Wörterbuch [2] nicht mehr auf dem neuesten Stand ist,
- bestimmte Grundwörter besonders in Fachsprachen erst neuerdings produktiv geworden sind, d.h. nicht nur als Simplex (einfaches Wort), sondern auch als Kompositum (Zusammensetzung) vorkommen,
- besonders die lateinischen und griechischen Neubildungen aus der deutschen Wissenschaftssprache nicht genügend Berücksichtigung fanden.

Die durch laufende Texte ergänzten Grundwörter belaufen sich in dem vorliegenden Programm auf 6.508 Einträge, und diese Zahl deckt sich annähernd mit den an der wissenschaftlichen Arbeitsstelle des Goethe-Instituts in München gemachten Untersuchungen über Lexika der wissenschaftlichen Sprache des Deutschen. Diese Untersuchungen von ERK geben Aufschluß über die Verteilung der häufigsten Wortbildungsmorpheme in der deutschen Wissenschaftssprache. Der auch in maschinenlesbarer Form verfügbare Wortschatz von insgesamt ca. 20.000 Einträgen, dem ca. 270.000 Belegstellen zugrundeliegen, beruht auf Frequenzzählungen von Texten wissenschaftlicher Publikationen aus 34 Fächern.

Die die meiste Information über einen Text gebenden Substantive weisen auch die größte Zahl verschiedener im Text vorkommender Vokabeln auf, so daß aus ca. 60.000 Belegstellen 13.315 verschiedene Substantive verbleiben, wobei sich diese Zahl bei Zerlegung der darin enthaltenen, leicht durchschaubaren Zusammensetzungen (z.B. Substantiv und Substantiv, Adjektiv und Substantiv, Präfix und Substantiv, präfixoides Element und Verb und Substantiv usw.) auf ca. 5.500 verringert [4] . Diese Reduzierung eines aus umfangreichen Wortbelegen gewonnenen Wortschatzes auf einen Grundwortschatz ist der umgekehrte Vorgang, der bei einer Analyse erfolgt, wo ein zugrundegelegter Minimalwortschatz Ausgangspunkt für ein Verfahren wird, das automatisch die richtigen Trennstellen der Komposita angibt und infolgedessen auch Zuordnungen von Teilbegriffen erlaubt.

3 MÖGLICHE VERFAHRENSWEISEN AUTOMATISCHER KOMPOSITAZERLEGUNG

Wenn die automatische Zerlegung solcher komplexer Gebilde wie

        Tri/carbon/säure/zyklus
        Immun/fluoreszenz/test/ergebnis/se
        Laryngo/tracheo/bronchitis

zum Ziel einer Aufgabe gemacht wird, ergeben sich Probleme auf verschiedensten Ebenen je nach Verfahren, das angewendet wird. Zunächst ist bei jeder automatischen Zerlegung Voraussetzung, daß Wortkomponenten angegeben werden, nach denen die Zerlegung erfolgen soll. Außer den Fugenmorphemen muß bei jeder Zerlegung ein Wortschatz gegeben sein, der den Beginn der Suche nach Komponenten erst ermöglicht. Daher stehen wir nicht nur vor der Frage, wie wir zu dem Wortschatz kommen, der genügend repräsentativ ist, Komposita beliebiger Gebiete zufriedenstellend behandeln zu können, sondern auch nach welcher Strategie wir verfahren. Die Zerlegung kann vom Wortanfang oder vom Wortende beginnen. Wir unterscheiden daher drei verschiedene Strategien: Vorwärtsstrategie, Rückwärtsstrategie und gemischte Strategie.

Unabhängig von der Strategie und von Zahl und Art der gegebenen Komponenten muß man sich grundsätzlich darüber im klaren sein, daß es sich um ein formales Verfahren handelt. Ein solches Verfahren kann nicht voll befriedigend sein, wenn das Problem an sich kein rein formales ist. Da die Komposita historisch gewachsene Bildungen sind, bringt das formale Verfahren auch Zerlegungen, die vom formalen Standpunkt aus richtig, aber in der heutigen Sprache nicht mehr nachvollziehbar sind. Es gibt die verschiedensten Grade historischen Zusammenwachsens von Wortkomponenten entweder zu einem neuen Begriff, zumindest aber kommt es zu einer Verselbständigung der Bedeutung der Zusammensetzung im Sinne einer semantischen Weiterentwicklung derart, daß die Bedeutung der Komponenten mit der Bedeutung der Zusammensetzung nur noch indirekt verbunden ist. Man vergleiche: Siamkatze - Geldkatze - Laufkatze - Raubkatze.

Die nicht erwünschten Trennungen können nicht prinzipiell, sondern nur durch bestimmte Schritte im Algorithmus und auch dann nicht ausschließlich vermieden werden, wenn festgefügte Begriffe neben produktiven Neubildungen stehen. Entscheidend für unsere Arbeit ist das Mengenverhältnis von vertretbaren und nicht vertretbaren Zerlegungen im laufenden Text. Die Wörter, die aufgrund der semantischen Verschmelzung ihrer Komponenten auf synchroner Ebene nicht mehr zerlegbar sind (z.B. Schlüsselbein in "Schlüssel" und "Bein"), stellen in laufenden Texten den weitaus

geringeren Teil gegenüber den sinnvoll zerlegbaren zahlreichen Fachter-
mini und ad hoc-Bildungen dar. Auch die in Normenausschüssen festgeleg-
ten künstlichen Neologismen sind für die Informationsverarbeitung fast
ausnahmslos sinnvoll zerlegbar.

3.1   Die Vorwärtsstrategie

Häufig ergeben sich innerhalb eines Kompositums Schnittstellen, die das
Ende des ersten Kompositionsgliedes signalisieren können, aber nicht
müssen. Da aber Simplizia und Komposita in einem Text in nicht vorher-
sehbarer Folge und Häufigkeit vorkommen, können die Schnittstellen auch
innerhalb der Simplizia auftreten. Der Algorithmus soll in der Lage sein,
automatisch Simplizia von Komposita aufgrund der Unzerlegbarkeit der
ersteren auf der Ebene der Komposition im Gegensatz zur Ebene der Wortbildung zu unterscheiden. So können sich z.B. folgende Schnittstellen
ergeben:

Rad ioapparat	Auto versicherung
Rad iationslinie	Auto matik
Rad arastronomie	Auto matentheorie
Rad ialgeschwindigkeit	Auto mationsmechanismus
Rad ikalismus	Auto matisierungstendenz
Rad ikalkur	Auto hypnose
Rad iergummi	Auto gramm
Rad ierung	
Rad nabe	

wobei der längste gemeinsame Teilstring vom Analysewort und dem abge-
speicherten Wort die richtige Schnittstelle ergeben soll. Es kann aber
auch eine sogenannte graphemübergreifende Verknüpfung auftreten, d.h.
anstatt des gewünschten Morphems ergibt sich als Wort oder Wortkomponente eine mit demselben zusammenfallende längere Folge von Graphemen
als potentielle Wortkomponente. Dabei ist die Schnittstelle vor dem
längsten gemeinsamen String zu suchen:

Gasturbine,	Gasthaus,	Gastronomie,
Gastod,	Gastzimmer,	Gastroskopie,
Gastechnik,	Gastfreundschaft,	Gastroenteritis,
Gastanker,		Gastroptose,

Als längsten gemeinsamen zulässigen Teilstring auch Fremdwortkomponenten
zuzulassen, ergibt in anderen Fällen wiederum falsche Schnittstellen:
Gastrolle.

3.2   Die Rückwärtsstrategie

Die gleichen prinzipiellen Schwierigkeiten treten bei der Rückwärtsstrategie auf. Kürzere Grundwörter können in längeren enthalten sein:

Bahn sch w elle	Plastik f l asche
Kardan w elle	Schuh l asche
Elle	Backen t asche
	Asche

Derartige Verschiebungen der Schnittstelle können auch bei der Rückwärtsstrategie nicht völlig ausgeschlossen werden, wenn sie auch nach bisheriger Erfahrung an erprobten Algorithmen ungleich seltener auftreten. Fehlanalysen können ohne Backtraceverfahren auf zwei Weisen gesteuert werden:

- Durch die Eliminierung unproduktiver Grundwörter aus den entsprechenden Listen.

- Durch Verweisstruktur der ineinander enthaltenen Listenelemente.

Als nachteilig für die Rückwärtsstrategie läßt sich das Argument anführen, daß die Substantive bereits in flektierter Form vorliegen müssen, wofür ein Programm an der Technischen Universität München existiert [5].

3.3   Die gemischte Strategie

Wenn bei den vorher beschriebenen Strategien angenommen wurde, daß bei der Suche nach dem längsten gemeinsamen Teilstring die größtmögliche Treffsicherheit in bezug auf die richtige Schnittstelle des Kompositums vorliegt, so zeigen Beispiele mit dem Elisions-e oder der Pluralbildung bei Fremdwörtern (Gebirgsgegend, Themenkreis), daß auf diese Weise zunächst ebenfalls Sackgassen entstehen, unabhängig davon, ob wir uns der Vorwärts- oder der Rückwärtsstrategie bedienen. Man vergleiche:

Schule / rlaß	Vorwärtsstrategie
Schul / erlaß	Rückwärtsstrategie
Gelenk / cn / tzündung	Vorwärtsstrategie
Gelenk / entzündung	Rückwärtsstrategie
Begleiter / scheinung	Vorwärtsstrategie
Begleit / erscheinung	Rückwärtsstrategie

3.4   <u>Vergleich von Vorwärtsstrategie und Rückwärtsstrategie</u>

Bei der Vorwärtsstrategie ergeben sich unserer Meinung nach besondere
Hindernisse auf der Ebene der <u>Kompositionsbildung</u>, die in folgenden Gründen zusammengefaßt werden können:

a) Viele Substantive, Simplizia wie Komposita, beginnen mit Morphemen, die kein Kernmorphem (<u>Herz</u>/<u>kranz</u>/<u>gefäß</u>), sondern ein Präfix
   oder ein präfixoides Element mit semantisch determinierender Funktion aufweisen:

   Fehl /geburt   Fehl /sichtigkeit   Fehl /steuerung
   Neben/niere   Neben/hoden   Neben/schilddrüsen
   Unter/kühlung   Unter/temperatur   Unter/wassermassage
   Sub /azidität   Sub /ikterus   Sub /okzipitalpunktion
   Hypo /glykämie   Hypo /kortizismus   Hypo /proteinämie

   Sie treten oft reihenbildend vor ein Simplex, ein Kernmorphem oder
   ein Kompositum. Diese Morpheme, die den verschiedensten Wortarten
   angehören, weisen eine hochgradig unterschiedliche semantische Verschmelzung mit den Kernmorphemen oder Grundwörtern auf, was eine
   automatische Zerlegung nach einem einheitlichen Maß problematisch
   macht. Man vergleiche: Ursache - Ursprung - Urlaub - Urbevölkerung
   - Ureter - Uratstein. Das bedeutet, daß der Vorgang der Zerlegung
   bei der Vorwärtsstrategie bei äußerst unsicheren Gegebenheiten an-
   setzen muß.

b) Mit den am Wortanfang stehenden Präfixen oder präfixoiden Elementen stimmen graphisch oft Kernmorpheme überein, so daß im Algorithmus eine hohe Zahl von Vergleichen nach dem Backtraceverfahren
   erforderlich ist:

       Ural   Ur altguthaben
       Uran   Ur knall
       Urbanität   gegenüber   Ur bedeutung
       Urin   Ur geschichte
       Ureter   Ur schrei
       Uratstein

   Demgegenüber bietet die Rückwärtsstrategie verschiedene Vorteile,
   die sogar bis in die semantischen Zusammenhänge hineinwirken, d.h.
   sie können über das rein formale Vorgehen hinaus verwendbar sein.

c) Bei einer großen Zahl von Komposita handelt es sich um Determinie-
rungen von Grundwörtern durch Linkserweiterungen:

Verordnung
Kostenverordnung
Umzugskostenverordnung
Auslandsumzugskostenverordnung

Daß die Kompositionsbildung jedoch nicht nur nach derart einfachen Prin-
zipien vor sich geht, zeigen Beispiele wie:

Lymphgefäßentzündung	⟶	Entzündung der Lymphgefäße
Zellatmungsfunktion	⟶	Funktion der Zellatmung
Bundesbaugesetz	⟶	Baugesetz auf Bundesebene
Kindergeldgesetz	⟶	Gesetz, das Kindergeld betreffend

Daher können Komposita, die durch hochgradige Verschmelzung ihrer semantischen Komponenten nicht mehr als trennbar erlebt werden, in den Bestand
der Grundwörter aufgenommen werden, wodurch einerseits das an sich rein
formale Prinzip der Zerlegung zugunsten der semantischen Ganzheit des
Wortes durchbrochen wird, andererseits abfragbare Begriffe schneller
verfügbar sind. Es scheint uns daher ein Vorteil der Rückwärtsstrategie
zu sein, daß durch das Erkennen des Grundwortes oder nicht mehr zer-
legbarer Komposita bereits ein bedeutender Klassifizierungseffekt erreicht wird.

3.5 Die Reduzierung des Grundwortschatzes auf den spezifischen Fachwortschatz

Viele der oben angeführten Schwierigkeiten ergeben sich aus der Vielzahl der in wissenschaftlichen Texten zu erwartenden Begriffe beliebiger Fachgebiete, für die der Algorithmus als eine Art Rahmen entworfen wurde. Bei Einschränkungen auf ein Fachgebiet entfallen oder reduzieren sich viele der angeführten Schwierigkeiten wie z.B. die Über-
schneidungen bei Gas-, Gast-, Gastro-, wenn die Grundwörter von derzeit
6.508 Einträgen um diejenigen Wörter verringert werden, die mit Sicherheit in einem bestimmten Fachgebiet nicht zu erwarten sind. Präfixe wie
sub-, hypo-, hyper-, Kernmorpheme wie Cortico-, Häm((at)o), Lymph-,
oder Suffixe wie -ose, -itis, -ase charakterisieren speziell den medizinischen Fachwortschatz und werden beispielsweise in der Fernmeldetech-
nik oder in der Informatik nicht vorkommen. Da der Grundwortschatz für
jedes Fachgebiet anders aussehen wird, wird sich auch die Zahl der benötigten Einträge je nach Fachgebiet einschränken lassen.

3.6   Die Beschreibung des Algorithmus

Das Analyseverfahren beruht auf der Feststellung der Teilidentität zwischen der Zeichenkette eines Analysewortes und einem ganzen Element aus
den Listen der produktiven Grundwörter bzw. Präfixe, präfixoiden Elemente oder Fugenmorphemen. Die Grundwörter werden in Negativlisten unterteilt, d.h. in Listen, deren Elemente als Endungsgrapheme mögliche Fugenmorpheme haben und eine Liste der restlichen Substantive, der allgemeinen Grundwortliste. Je nach Endung des Analysewortes wird entschieden, in welcher Negativliste nach einem Substantiv zu suchen ist. Erweist sich die Suche nach einem Grundwort als erfolglos, wird die Analyse abgebrochen, d.h. das Wort ist nicht analysierbar - kein Kompositum - oder stellt ein erst neuerlich produktiv gewordenes Substantiv
dar. Es folgt die Suche nach dem Fugenmorphem, die nur folgen kann,
wenn ein Grundwort bereits identifiziert vorliegt. Das Fugenmorphem wird
reduziert und die Analyse mit dem neu entstandenen Restwort fortgesetzt,
bis der Wortanfang erreicht ist. Bleiben Restbuchstaben unidentifiziert,
dann werden sie unter folgenden Voraussetzungen an das letzte identifi-
zierte Wort angefügt:

1. Wenn es sich nur um Konsonanten handelt.
2. Wenn es sich um nur einen Buchstaben handelt.
3. Wenn es sich um einen Eintrag aus der Liste der Präfixe handelt.
4. Wenn es sich um einen Eintrag aus der Liste der präfixoiden
   Elemente handelt.

3.7   Ergebnisse

Der Algorithmus wurde bisher an folgendem wissenschaftlichen Wortschatz
(Substantive) getestet:

1. Allgemeiner wissenschaftlicher Wortschatz des Goethe-Instituts
   (13.022 Einträge).

2. Wortschatz aus den Vorblättern zu den Gesetzentwürfen der 6. und
   7. Wahlperiode des Deutschen Bundestages (5.305 Einträge).

3. Spezieller Wortschatz aus der Nachrichten- und Bautechnik von
   Siemens (6.296 Einträge).

Die Ausgabe unterscheidet fünf verschiedene Analyseergebnisse:

1. Vollständig analysiertes Kompositum
2. Teilweise analysiertes Kompositum (Grundwort identifiziert, Restwort nicht identifiziert)
3. Vollständig erkanntes Simplex (mit Restbuchstabenkonkatenation)
4. Analysewort nicht analysiert d.h. keine Aussage über Kompositum oder Simplex)
5. Unzulässiges Analysewort (Abkürzungen, fehlerhafte Eingabe)

Folgende Analyseergebnisse wurden statistisch festgehalten:

1. Wissenschaftlicher Wortschatz des Goethe-Instituts (13.022 Einträge):

    6.095 = 46,8 % Vollständig analysiertes Kompositum
    1.512 = 11,6 % Teilweise analysiertes Kompositum
    3.157 = 24,2 % Vollständig erkanntes Simplex
    2.256 = 17,3 % Analysewort nicht analysiert
        2 = 0,02% Unzulässiges Analysewort

2. Vorblätter zu den Gesetzentwürfen des Deutschen Bundestages (5.305 Einträge):

    2.416 = 45,5 % Vollständig analysiertes Kompositum
      707 = 13,3 % Teilweise analysiertes Kompositum
    1.147 = 21,6 % Vollständig erkanntes Simplex
    1.010 = 19,0 % Analysewort nicht analysiert
       25 = 0,5 % Unzulässiges Analysewort

3. Nachrichten- und Bautechnik (6.296 Einträge):

    2.765 = 43,9 % Vollständig analysiertes Kompositum
    2.422 = 38,5 % Teilweise analysiertes Kompositum
      374 = 5,9 % Vollständig erkanntes Simplex
      735 = 11,7 % Analysewort nicht analysiert
        0 = 0,0 % Unzulässiges Analysewort

Diese statistisch gewonnenen Daten müssen mit den durch den Algorithmus gewonnenen Daten verglichen werden, d.h. die Richtigkeit der Zerlegung muß überprüft werden. Die Gruppe der vollständig analysierten Wörter ist formal gesehen ohne Fehler, weil alle Teilkomponenten gefunden wurden. Es kommen in dieser Gruppe jedoch vereinzelt Zerlegungen vor, die heute aufgrund der Verschmelzung zu einem Begriff nicht mehr wünschenswert sind (Auge(n)zeuge). Unter den teilweise analysierten Komposita ergab sich ein hoher Prozentsatz von richtigen Zerlegungen, obwohl das Restwort infolge der in den Grundwörtern nicht enthaltenen Verb- und Adjektivkomponenten nicht identifiziert werden konnte. Ungefähr 25 % aus

dieser Gruppe enthalten Fehler verschiedenster Art, wobei viele davon
zu Lasten der Fremdwortkomponenten gehen, die im derzeitigen Programm
noch der Ergänzung bedürfen. Unter den teilweise analysierten Komposita
ergab die Auswertung: Als halbrichtig wurden Zerlegungen gewertet, bei
denen das Grundwort richtig erkannt wurde, aber das Restwort eine unge-
nügende oder falsche Analyse erfuhr.

1. <u>Wissenschaftlicher Wortschatz des Goethe-Instituts</u>:

teilweise analysiert (Gesamtzahl)	1.512 =	100,0 %
richtig analysiert	1.249 =	82,6 %
falsch analysiert	236 =	15,6 %
falsche oder ungenügende Analyse des Restwortes	27 =	1,8 %

2. <u>Vorblätter zu den Gesetzentwürfen des Deutschen Bundestages</u>:

teilweise analysiert (Gesamtzahl)	707 =	100,0 %
richtig analysiert	447 =	63,2 %
falsch analysiert	136 =	19,2 %
falsche oder ungenügende Analyse des Restwortes	72 =	10,2 %
Eigennamen	39 =	5,2 %
Adjektive	13 =	1,5 %

3. <u>Nachrichten- und Bautechnik</u>:

teilweise analysiert (Gesamtzahl)	2.422 =	100,0 %
richtig analysiert	1.921 =	79,9 %
falsch analysiert	302 =	12,5 %
falsche oder ungenügende Analyse des Restwortes	204 =	8,4 %

Die Gruppe der <u>nicht</u> analysierten Wörter enthält:

- Im Sinne der Kompositaanalyse nicht zerlegbare Wörter, d.h. meist
  Derivationen, die zur Informationsgewinnung als Ganzes abfragbare
  Einheiten sind und der Zerlegung auf dieser Ebene nicht bedürfen.

- Komposita, die inzwischen produktiv gewordene Grundwörter aufweisen.

- Okkasionelle Bildungen, die nicht in die Grundwortliste aufgenommen werden sollen und die gewöhnlich auch nicht als Stichwörter
  verwendet werden.

Die Auswertung der <u>nicht analysierten</u> Wörter ergab im einzelnen:

1. Wortschatz des Goethe-Instituts 2.656 davon 102 neue Grundwörter
2. Gesetzentwürfe   1.010 davon 127 neue Grundwörter
3. Nachrichten- und Bautechnik   735 davon 227 neue Grundwörter
   (Dieser Text enthielt sehr viele Wörter aus dem Englischen.)

Wir haben neben der allgemeinen Problematik zur Vorwärts- und Rückwärtsstrategie bisher einen Algorithmus beschrieben, bei dem von der Annahme
ausgegangen wurde, daß die Rückwärtsstrategie für die Kompositazerlegung
größere Vorteile bringt, vor allem, wenn an die semantischen Gesichtspunkte gedacht wird. Wir haben aber auch die Vorwärtsstrategie algorithmisch zu lösen versucht, wobei die bei dem beschriebenen Programm gewonnenen Einsichten verwendet wurden. Eine spezielle Auswertung der Daten mit dem Vergleich beider Algorithmen am gleichen Datenmaterial wird
an anderer Stelle folgen.

LITERATUR

[1] ERBEN, J.: Zur deutschen Wortbildung.
    In: Probleme der Lexikologie und Lexikographie. Jahrbuch 1975 des
    Instituts für Deutsche Sprache. Düsseldorf (1976) 301 - 312.

[2] MATER, E.: Rückläufiges Wörterbuch der deutschen Gegenwartssprache.
    (Leipzig 1967).

[3] NIEDEREHE, H.J.: Die Sprache der Wissenschaft - ein Problem der
    Sprachwissenschaft.
    Semantische Hefte 1 (1974) 84 - 112.

[4] ROGALLA, H., ROGALLA, W.: Zur Wortbildung in wissenschaftlichen
    Texten.
    Zielsprache Deutsch 4 (1976) 21 - 30.

[5] SCHOTT, G.: Automatische Deflexion unter Verwendung eines Minimal-
    wörterbuches.
    (Bericht der Technischen Universität München, Abteilung Informatik,
    Bericht Nr. 7514).

[6] WELLMANN, H.: Deutsche Wortbildung. Zweiter Hauptteil: Das Substantiv.
    (Schriften des Instituts für Deutsche Sprache 32, Düsseldorf 1975).

[7] WINGERT, F.: Word Segmentation and Morpheme Dictionary for Pathology
    Data Processing.
    In: ANDERSON, J., FORSYTHE, J.M. (edts.): Proceedings of the MEDINFO
    1974. (Amsterdam: North-Holland Publ. Comp. 1974).

[8] ŽEPIĆ, S.: Morphologie und Semantik der deutschen Nominalkomposita.
    (Zagreb 1970).

EIN VERFAHREN ZUM FEHLERTOLERIERENDEN

VERGLEICH VON WORTEN

E.G. Hoffmann, F. Simon

Für die Analyse natürlicher Sprache im Rahmen von Dialogen mit einem Programm werden häufig Methoden der künstlichen Intelligenz benutzt. In der Regel führen jedoch auch einfachere, weniger aufwendige Verfahren zu befriedigenden Resultaten im Zusammenspiel mit einem geschickt aufgebauten Programm.

Beispielsweise im computer-unterstützten Unterricht (CUU) beruht die Abwicklung des Lerndialoges bei der Mehrzahl aller Lehrprogramme auf dem zeichenweisen Vergleich der gegebenen Antwort mit antizipierten Antwortmöglichkeiten.

In der Literatur [1, 2] findet man zahlreiche Algorithmen, die zum Erkennen von Worten bzw. Sätzen allein den Vergleich von systematisch modifizierten Zeichenreihen benutzen. In den Analysen der Verfahren [2, 3] im Hinblick auf ihre Einsatzmöglichkeit wird immer wieder auf die Notwendigkeit der Toleranz von Rechtschreib- und Tippfehlern in eingegebenen Antworten hingewiesen. Die untersuchten Verfahren unterscheiden sich erheblich in den Möglichkeiten, dieser Anforderung gerecht zu werden.

Es soll im Abschnitt 1 ein Verfahren vorgestellt werden, das beim Vergleich der korrekt geschriebenen Form eines Wortes mit einer möglicherweise fehlerhaften Form genau einen aufgetretenen Fehler toleriert. Das Verfahren ist vollständig in dem Sinne, daß es in den relevanten Klassen einer empirisch begründeten Einteilung von Rechtschreib- und Tippfehlern keinen Fehler gibt, der von dem Verfahren nicht toleriert wird, sofern er einzeln in einem Wort auftritt.

Im Abschnitt 2 wird eine Verallgemeinerung gegeben, bei der in einem genügend langen Wort auch zwei und mehr Fehler auftreten dürfen.

Abschließend wird ein Beispiel für den Einsatz des Verfahrens angegeben.

1   <u>DAS VERGLEICHSVERFAHREN</u>

Bei einer Untersuchung von Rechtschreib- und Tippfehlern [4] wurde festgestellt, daß 80% aller Fehler im Vergleich zu dem korrekt geschriebenen
Wort in eine der folgenden vier Klassen fallen:

      I   :   1 Buchstabe zu viel,

      II :   1 Buchstabe zu wenig,

      III :   1 Buchstabe falsch,

      IV :   2 benachbarte Buchstaben vertauscht
               (als 1 Fehler gerechnet).

Als Vervollständigung treten hinzu:

      V   :   Verstöße gegen die Getrenntschreibung
              (1 Fehler),

      VI :   Verstöße gegen die Zusammenschreibung
              (1 Fehler),

      VII :   mehrere Fehler pro Wort.

<u>Herleitung des Verfahrens</u>

Im Folgenden seien s und s' zwei Zeichenreihen, die auf einer Teilmenge Σ des Zeichenvorrats definiert sind, $\Sigma = \{A,B,\ldots,Z\}$.

$$\left. \begin{array}{l} s \ = a_1 a_2 \ldots a_n \\ s' = a'_1 a'_2 \ldots a'_{n'} \end{array} \right\} \quad a_i,\, a'_j \in \Sigma$$

Es dürfen auch leere Zeichenreihen $s = \epsilon$ oder $s' = \epsilon$ auftreten. Zur Beschreibung des Verfahrens werden folgende Funktionen auf Σ^* bzw. $\Sigma^* \times \Sigma^*$
definiert:

<u>Definition 1:</u> $\quad s^T = \left\{ \begin{array}{ll} \epsilon & \text{falls } s = \epsilon \\ a_n a_{n-1} \ldots a_2 a_1 & \text{falls } s = a_1 a_2 \ldots a_n \end{array} \right\}$

<u>Definition 2:</u> $\quad \tau(s) = \left\{ \begin{array}{ll} 0 & \text{falls } s = \epsilon \\ n & \text{falls } s = a_1 a_2 \ldots a_n \end{array} \right\}$

<u>Definition 3:</u> $\quad \alpha(s) = \left\{ \begin{array}{ll} \epsilon & \text{falls } s = \epsilon \\ a_1 & \text{falls } s = a_1 a_2 \ldots a_n \end{array} \right\}$

<u>Definition 4</u>:

$$\omega(s) = \begin{cases} \epsilon & \text{falls } s=\epsilon \\ a_n & \text{falls } s=a_1 a_2 \ldots a_n \end{cases}$$

<u>Definition 5</u>:

$$\text{tail}(s) = \begin{cases} \epsilon & \text{falls } s=\epsilon \text{ oder } s=a_1 \\ a_2 \ldots a_n & \text{falls } s=a_1 a_2 \ldots a_n \end{cases}$$

<u>Definition 6</u>: $\quad \text{tail}^T(s) = (\text{tail}(s^T))^T$

Bemerkung: tail^T liefert die Zeichenreihe s ohne das letzte Element,

$$\text{tail}^T(a_1 \ldots a_n) = a_1 \ldots a_{n-1}.$$

<u>Definition 7</u>:

$$s-s' = \begin{cases} \text{tail}(s)-\text{tail}(s') & \text{falls } \alpha(s) = \alpha(s') \neq \epsilon \text{ ; sonst} \\ \text{tail}^T(s)-\text{tail}^T(s') & \text{falls } \omega(s) = \omega(s') \neq \epsilon \text{ ; sonst} \\ s \end{cases}$$

Die angegebene Reihenfolge der Fälle ist einzuhalten.

<u>Beispiele</u>:

1) $s \quad = abc, \ s' \quad = abbc$

   $s-s' = abc-abbc = bc-bbc = c-bc = \epsilon-b = \epsilon$

   $s'-s = abbc-abc = bbc-bc = bc-c = b-\epsilon = b$

   Bemerkung: "$-$" ist ein nicht-kommutativer Operator.

2) $s \quad = \text{VORAUSSETZUNG}$

   $s' \quad = \text{VORBEREITUNG}$

   $s-s' = \text{AUSSETZ}$

   $s'-s = \text{BEREIT}$

Für die Differenz zweier Zeichenreihen s und s' läßt sich für den Fall, daß in s' ein Fehler der Klasse I vorliegt, folgendes Schema zur Veranschaulichung angeben:

<u>Herleitung des Verfahrens</u>

Man definiert für $s, s' \in \Sigma^*$ die Differenzen $t = s-s'$ und $t' = s'-s$.

Die Fehlerklassen I bis IV sind dann durch die folgenden vier Bedingungen charakterisiert:

I   : $n' = n+1 \ \wedge \ \tau(t) = 0 \ \wedge \ \tau(t') = 1$ (1 Symbol zuviel)

II : $n' = n-1 \ \wedge \ \tau(t) = 1 \ \wedge \ \tau(t') = 0$ (1 Symbol zuwenig)

III : $n' = n \ \ \ \wedge \ \tau(t) = \ \ \ \ \ \ \tau(t') = 1$ (1 Symbol falsch)

IV : $n' = n \ \ \ \wedge \ \tau(t) = \ \ \ \ \ \ \tau(t') = 2 \ \wedge \ t^T = t'$ (2 benachbarte
$\qquad\qquad\qquad\qquad\qquad\qquad\qquad\qquad\qquad\qquad$ Symbole vertauscht).

Zwei Zeichenreihen $s, s' \in \Sigma^*$ heißen "1-äquivalent" ($\equiv_1$), wenn sie bis auf einen Fehler übereinstimmen. Durch Zusammenfassung der o.a. Bedingungen erhält man die folgende Definition:

Definition $s \equiv_1 s' \ <=>_{def} \ |n'-n| \leq 1 \wedge \max(\ \tau(t), \ \tau(t')) = 1$ oder
$$n'=n \wedge \tau(t) = \tau(t') = 2 \wedge t^T = t'.$$

Bemerkung: s entspricht einer antizipierten Antwort und s' einer ein-
$\qquad\qquad\quad$ gegebenen fehlerhaften Antwort.

<u>Beispiele</u>:

1) $s = $ NOVEMBER, $s' = $ NOWEMBER
$\quad\quad$ $t = s-s' = V$ und $t' = s'-s = W$, es gilt $s \equiv_1 s'$, denn:
$\quad\quad$ $n' = n = 8$ und $\max(\ \tau(t), \ \tau(t')) = \max(1,1)=1$.

2) $s = $ NOVEMBER, $s' = $ NOVEBMER
$\quad\quad$ $t = MB$ und $t' = BM$, es gilt $s \equiv_1 s'$, denn:
$\quad\quad$ $n' = n = 8$ und $\tau(t)= \tau(t')=2$ und $t^T=t'=BM$.

Bei der Programmierung des Verfahrens in einer höheren Programmiersprache lassen sich die Definitionen auf einfache Weise als Programm schreiben. Dabei führt die direkte Umsetzung der Definition der Differenzoperation zu einer Rekursion oder in einer effizienteren Version zu einer
Iteration. In [3] ist eine erhebliche Steigerung der Effizienz erreicht
worden, indem durch die interne Programmierung der Differenzoperation
in Maschinencode die Vergleiche von Zeichenreihen im wesentlichen auf
die logische Äquivalenz von gewissen Bitmustern zurückgeführt wurden. In
dieser Version des Programms erkennt man die enge Verwandtschaft der intern programmierten Optimierung mit dem "elastic match" [5] .

2   VERALLGEMEINERUNG DES VERFAHRENS

Im Folgenden wird das Verfahren für die Situation erweitert, daß zwei
Fehler in dem fehlerhaften Wort toleriert werden sollen. Von den zwei
Fehlern wird angenommen, daß sie zu den Fehlerklassen I bis IV gehören
und an verschiedenen Stellen im Wort auftreten. Sie dürfen nicht "zu nahe"
beieinander stehen, um Mehrdeutigkeiten bei der Fehlerkorrektur zu vermeiden. Der einfache Vergleich muß nach dem ersten Fehler einige Zeichen
synchron verlaufen, ehe der zweite Fehler auftritt. Dafür wird ein Fehlerabstand von mindestens drei korrekten (übereinstimmenden) Buchstaben
angenommen, der durch die durchschnittliche Länge einer Silbe im Deutschen
motiviert ist. Daraus ergibt sich eine sinnvolle Länge von mindestens
fünf Buchstaben pro Wort für die Anwendung des Verfahrens für zwei Fehler.

Bei der Herleitung des Verfahrens wurden zunächst zehn Bedingungen für
die auftretenden Kombinationen der Fehlerklassen I bis IV aufgestellt
und dabei der Vergleich für zwei Fehler auf das Verfahren für einen Fehler zurückgeführt [3] . Läßt man in den wenigen der Zwei-Fehler-Fälle, bei
denen sich t und t' am Ende um eine Vertauschung unterscheiden, einen mi-
nimalen Fehlerabstand von nur zwei korrekten Symbolen zu, dann ergibt sich
durch Minimierung der Booleschen Ausdrücke die einfache Fallunterschei-
dung der folgenden Definition. Eine Einhaltung der Forderung nach mindestens drei korrekten Symbolen zwischen den Fehlern würde zu einer unnö-
tigen Verlängerung der Definition und des resultierenden Algorithmus führen.

Abkürzungen:

s antizipierte Antwort, s' zu analysierende Antwort

$t = s-s'$, $t' = s'-s$

$\max = \max(\ \tau(t),\ \tau(t'))$

V1 steht für: $t \equiv_1 \mathrm{tail}(t')$

V2 steht für: $\mathrm{tail}(t) \equiv_1 t'$

V3 steht für: $\mathrm{tail}(t) \equiv_1 \mathrm{tail}(t')$

V4 steht für: $\mathrm{tail}(\mathrm{tail}(t)) \equiv_1 \mathrm{tail}(\mathrm{tail}(t'))\ \wedge$

$$\wedge\ (\alpha(t)\,\alpha(\mathrm{tail}(t)))^T = \alpha(t')\,\alpha(\mathrm{tail}(t')).$$

Zwei Zeichenreihen s, s' heißen "2-äquivalent" ($\equiv_2$), wenn sie bis auf
zwei Fehler übereinstimmen.

<u>Definition:</u> $\quad s \equiv_2 s' \quad <\Rightarrow>_{\text{def}}$

      Es gilt einer der folgenden Fälle:

1. $\quad n' = n \quad\quad \wedge \quad\quad \max \geq 4 \quad\quad \wedge \quad\quad (V_1 \vee V_2)$
2. $\quad |n'-n| \leq 2 \quad \wedge \quad\quad \max \geq 5 \quad\quad \wedge \quad\quad (V_1 \vee V_2)$
3. $\quad |n'-n| \leq 1 \quad \wedge \quad\quad \max \geq 5 \quad\quad \wedge \quad\quad V_3$
4. $\quad |n'-n| \leq 1 \quad \wedge \quad\quad \max \geq 6 \quad\quad \wedge \quad\quad V_4$

<u>Beispiel:</u>

$$\overset{\displaystyle t}{\overbrace{}}$$

AA: UNIVERSITAET

LA: UNIWERSITEAT

$$\underset{\displaystyle t'}{\underbrace{}}$$

$AA \equiv_2 LA$, denn

1. $n' = n = 12$,

    $\max(\tau(t),\ \tau(t')) = \max(8,8) = 8$,

    V1 nicht erfüllt,

    V2 nicht erfüllt, aber

2.   V3 erfüllt, also liegen zwei zulässige Fehler vor, die korrigierbar
    sind.

Eine Optimierung durch interne Programmierung in dem Sinne, wie sie für
das 1-Fehler-Verfahren skizziert wurde, ist auch hier versucht worden
[3] . Der erreichte Effizienzgewinn ist gering.

<u>Allgemeine Bemerkung:</u>

Der elastische Vergleich ließe sich weiterhin in der Weise verallge-
meinern, daß auch Wörter mit mehr als zwei Fehlern akzeptiert werden,
wenn der Abstand zweier Fehlerpositionen mindestens drei richtige Buchstaben beträgt. In Anbetracht der durchschnittlichen Wortlänge des Deutschen und der erhöhten Anzahl von Mehrdeutigkeiten bei der Korrektur von
drei und mehr Fehlern erscheint es ausreichend, höchstens zwei Fehler
durch automatische Antwortanalyseverfahren zu erkennen.

3   EINE ANWENDUNG DES VERFAHRENS

Bei der Analyse von einfachen Anfragen mit Hilfe eines Lexikons möchte
man die Menge der Einträge im Wörterbuch so gering wie möglich halten
und insbesondere nicht alle flektierten Formen von Substantiven, Verben
etc. speichern. Statt dessen werden ein oder mehrere Wortfragmente im
Lexikon als Repräsentant für alle Formen des Wortes gespeichert. In Texten auftretende Formen des Wortes können nun als ein tolerierbarer "Fehler" im Sinne des Vergleichsverfahrens betrachtet werden. Dieser heu-
ristische Ansatz ist genauer untersucht worden [3] .

Beispiel:

1)   der Weg   die Wege
      des Weges   der Wege
      dem Wege   den Wegen
      den Weg   die Wege

      Das Wortfragment "Wege" ist Repräsentant aller acht Formen.

2)   die Freundin   die Freundinnen
      der Freundin   der Freundinnen
      der Freundin   den Freundinnen
      die Freundin   die Freundinnen

      Es müssen beide Formen als Repräsentanten eingetragen werden.

LITERATUR

[1] SALMEN, O., WEISE, H.: Implementierung eines Übersetzers sowie eines
    Prozessors für LEGIS (Lernergesteuertes Informationssystem).
    (Karlsruhe 1974).

[2] CYRANEK, G.: Antwortanalyseroutinen für rechnergestützten Unterricht.
    (Karlsruhe 1973).

[3] GRESSE, R.: Algorithmen zum Textvergleich als Basis für die Antwort-
    analyse in ALTID-Programmen.
    (Kiel 1976).

[4] DAMERAU, F.J.: A Technique for Computer Detection and Correction of
    Spelling Errors.
    CACM 7 (1964) 171 - 176.

[5] SZANSER, A.J.: Automatic Error-Correction in Natural Language.
    Information Storage and Retrieval 5 (1970) 169 - 174.

DYNAMISCHE ZEICHENKETTEN ALS GRUNDBAUSTEINE

IN DER TEXTVERARBEITUNG

E. Bertsch

Eine der Voraussetzungen für automatische Textverarbeitung ist die Darstellbarkeit und Änderbarkeit von Zeichenketten innerhalb eines laufenden Programms. Veränderungen einer Zeichenkette (im Folgenden als "String" bezeichnet) können nun einerseits die Ersetzung einzelner Zeichen, andererseits aber auch die Verkürzung oder Verlängerung des gesamten Strings zur Folge haben.

Die Forderung, einen String verlängern zu können, führt zu Problemen bezüglich der Implementierung. Wenn für den gegebenen String soviel Platz reserviert werden soll, wie er maximal einnehmen wird, resultiert eine gewisse Speicherverschwendung. Wenn dieser Nachteil jedoch vermieden werden soll, so daß jeder String zu jedem Zeitpunkt der Programmausführung gerade soviel Platz belegt, wie seiner momentanen Länge entspricht, werden komplizierte Speicherbereinigungsverfahren (garbage collection) erforderlich. Im letzteren Fall spricht man von "dynamischer Stringverarbeitung". Die Frage, die sich nun stellt, ist: Unter welchen Bedingungen ist dynamische Stringverarbeitung attraktiv für den Anwendungsprogrammierer?

Es wird über ein System berichtet, das in die höhere Programmiersprache COMSKEE eingebettet ist und die <u>beliebige</u> Verlängerung von Strings (bis zur Kapazität der Rechenanlage) erlaubt. Dabei werden sowohl die Implementierung des Systems als auch die programmiersprachlichen Möglichkeiten zur Manipulation von Strings vorgestellt.

1   IMPLEMENTIERUNGSFRAGEN

Das Stringverarbeitungssystem der Sprache COMSKEE legt alle Zeichenketten in einem gesonderten Stringspeicherbereich an. Maßgeblich für die Implementierung war die Zielsetzung, daß Strings nur dann neu angelegt werden sollen, wenn dies unbedingt erforderlich ist. Jegliche Zwischenresultate werden deshalb in einem Hilfsspeicher abgelegt, der ohne garbage collection immer wieder überschrieben werden kann.

Der Bezug zwischen dem Speicher für statische Daten und dem Stringspeicher wird über Hin- und Rückverweise hergestellt. Ob ein String gültig ist, erkennt man bei der garbage collection (Speicherverdichtung) folglich daran, ob Übereinstimmung zwischen dem Rückverweis des String und dem an der angesprochenen Stelle befindlichen Hinverweis besteht.

Für Rechenanlagen mit interner Wortstruktur wie etwa die TR440 ist es darüberhinaus sinnvoll, zwischen gepackten und ungepackten Zeichenketten zu unterscheiden, da erstere zur Speicher-, letztere zur Zeitersparnis beitragen.

In unserem System sind beide Formen möglich und ohne Beeinflussung der Semantik ineinander überführbar. Intern laufen alle Operationen in der für sie günstigsten Packungsform ab. Dies wurde dadurch erleichtert, daß die eigentlichen Stringoperationen im Gegensatz zu dem in PL/1 erstellten COMSKEE-Compiler ausschließlich im Assembler-Code programmiert wurden.

2   ZEICHENKETTEN

$$\text{simpdecl} :: = \text{STRING IDENT} \left\{ \text{, IDENT} \right\}$$

Durch diese Deklaration werden Zeichenkettenvariablen eingeführt, die im Laufe des Programms nicht nur verschiedene, sondern auch verschieden lange Zeichenketten als Werte annehmen können. Eine Zeichenkette s besteht aus einer endlichen, möglicherweise auch leeren Kette von Zeichen aus einem Alphabet C, dessen Umfang von der jeweiligen Implementierung bestimmt wird:

$$s = c_1 c_2 \ldots c_n \quad \text{mit } n \geq 0, \ c_i \in C.$$

Standardbezeichnungen für Zeichenketten bilden sich nach folgender Regel:

$$\text{string-const} :: = \text{'} \left\{ \text{character} \right\} \text{'}$$
$$\text{character} \quad :: = A \mid B \mid C \mid \ldots \mid Z \mid 0 \mid 1 \mid \ldots \mid 9 \mid \underline{.} \mid \underline{,} \mid \underline{(} \mid \underline{)} \mid " \mid \ldots$$

2.1   Der Längenoperator

Da Zeichenketten dynamisch ihre Länge verändern können, ist ein Operator notwendig, der die aktuelle Länge liefert. Dieser Längenoperator wird realisiert durch:

$$\#: \quad S \longrightarrow Q$$

<u>Beispiel:</u>

      REREAD READ T; S := S CAT T UNTIL #S > MAX;

2.2   <u>Der Teilstringzugriff</u>

Zeichenketten können als Ganzes über ihren Identifikator referiert werden, es sind aber auch Zugriffe auf Teilketten möglich. Dabei wird die
Teilkette durch die Position ihres ersten und letzten Zeichens innerhalb der ganzen Kette oder über zwei, sie links und rechts begrenzende
Teilketten bestimmt. Es sind auch Mischformen dieser beiden Zugriffsarten
möglich.

Die Syntax des Zeichenkettenzugriffs wird beschrieben durch:

      extended-var ::=variable [<u>(expression : expression)</u>]

      variable   ::= IDENT

Der positionelle Teilstringzugriff $s(i:j)$ ist definiert, falls:

    s ist Zeichenkettenvariable mit $s = c_1 c_2 \ldots c_n$, $n \geq 0$, $c_i \in C$;

    i und j sind arithmetische Ausdrücke mit Werten:

    $i \geq 1$, $j \leq n$, $i \leq j + 1$.

Die Bedeutung ist:

$$s(i:j) := \begin{cases} c_i \ldots c_j & \text{falls } i \leq j \\ ' \, ' & \text{falls } i = j + 1 \end{cases}.$$

Für alle anderen Fälle ist der Ausdruck undefiniert.

Der inhaltliche Teilstringzugriff $s(s_1:s_2)$ ist definiert für einen Zei-
chenkettenidentifikator s und Zeichenkettenausdrücke s_1 und s_2 und zwar
genau dann, wenn es eine Zeichenkette $t \in C^*$ gibt, so daß $s_1 t s_2$ Teilkette von s ist. Dann bedeutet:

$$s(s_1:s_2) := \begin{cases} t, \text{ falls } s = u s_1 t s_2 v \text{ und} \\ \text{es gibt keine Zeichen } a,b \in C \text{ mit} \\ s_1 a \text{ ist Teilkette von } u s_1 \text{ oder} \\ s_2 b \text{ ist Teilkette von } t s_2 \end{cases}.$$

$s(s_1:s_2)$ bezeichnet also den Teilstring von s, der zwischen dem am weitesten links liegenden Vorkommen von s_1 in s und dem nächstfolgenden Vorkommen von s_2 liegt.

Analog erklärt sich die Bedeutung von $s(s_1:j)$ und die von $s(i:s_2)$ für i, j $\in$ Q und $s_1, s_2 \in$ S.

Als abkürzende Schreibweise ist s(i.) gleichbedeutend mit s(i:i) und $s(s_1:)$ gleichbedeutdend mit $s(s_1: \# s)$.

<u>Beispiele</u> für den Teilstringzugriff:

Bezeichnung der Teilzeichenkette	Wert der Kette	Länge
s	'ABCDEFABC'	9
s(2:5)	'BCDE'	4
s(0:2)	undef.	undef.
s(5:4)	' '	0
s(5:5)	'E'	1
s('BC':'F')	'DE'	2
s('A':'BC')	' '	0
s('B':'BC')	'CDEFA'	5
s(1:'DEF')	'ABC'	3
s('D': $\#$ s)	'EFABC'	5
s(2:s(1.))	'BCDEF'	5
s(s(2.):s(1.))	'CDEF'	4

Die so über Position oder Inhalt referierten Teilstrings sind adressierbare Stringsegmente, die z.B. durch Wertzuweisung verändert werden können. Sie verhalten sich dabei ebenso dynamisch wie ein vollständiger String. Weist man an einen Teilstring einen Wert zu, der eine andere Länge hat, so paßt sich die Segmentumgebung dynamisch an den neuen Teilstring an. Es erfolgt kein Auffüllen oder Abschneiden des alten oder des neuen Teilstrings. Ist die Teilstringreferenz von der Form s(i:j) mit $0 \leq j = i-1 < n$, so wird der Wert unmittelbar vor dem i-ten Zeichen eingefügt.

<u>Beispiel</u>:
Nach s:='ABCDE'; s(2:3):='XYZ' hat s den Wert 'AXYZDE':

```
A B C D E          Länge von s = 5

A X Y Z D E        Länge von s = 6
```

Nach s:='ABCDE'; s('B':'E'):='X' hat s den Wert 'ABXE':

$$
\begin{array}{ccccc}
\text{A} & \text{B} & \text{C} & \text{D} & \text{E}
\end{array} \qquad \text{Länge von s} = 5
$$

$$
\begin{array}{cccc}
\text{A} & \text{B} & \text{X} & \text{E}
\end{array} \qquad \text{Länge von s} = 4
$$

Als Beispiel für die Operationen auf Strings führen wir ein Programm-
stück an, das die Phonetisierung hebräischer Verben bewerkstelligt. Als
Muster diene das regelmäßige Verb "LMD", die gesprochene Form ist unterstrichen:

JLMD	JILMAD	JLMDW	JILMDU
TLMD	TILMAD	TLMDNH	TILMADNA
TLMDJ	TILMDI	TLMDW	TILMDU
HLMD	ELMAD	NLMD	NILMAD

```
BEGIN
  STRING W;
  READ W;
    CASE #W WITH 4: W(4:3):='A';
                    IF W(1.)='H'  THEN W(1.):='E'
                                  ELSE W(2:1):='I'
                    FI;
            WITH 5: IF W(5.)='J'  THEN W(5.):='I'
                                  ELSE W(5.):='U'
                    FI;
                    W(2:1):='I'
            WITH 6: W(6):='A';
                    W(4:3):='A';
                    W(2:1):='I'
    ESAC
END
```

3   OPERATIONEN AUF ZEICHENKETTEN

Im Folgenden verstehen wir unter dem Begriff 'Zeichenkette' einen Zeichen-
kettenwert. Dieser kann bezeichnet werden durch eine Zeichenkettenvariable, einen Teilstringzugriff, eine Zeichenkettenkonstante oder einen Ausdruck, der Werte vom Typ 'Zeichenkette' liefert.

(1)   CAT, TCT : S * S $\longrightarrow$ S.

Mit dem Operator CAT wird die Konkatenation von Zeichenketten realisiert.
Seien s und t Zeichenketten mit $s = c_1 c_2 \ldots c_n$ und $t = d_1 d_2 \ldots d_m$, wobei
c_i, $d_i \in C$ sind, so bedeutet:

$$(1.1) \qquad s \ \text{CAT} \ t \ := c_1 c_2 \ldots c_n d_1 d_2 \ldots d_m.$$

Das Symbol CAT kann durch das Zeichen + dargestellt werden.

Mit TCT kann das rechte Ende einer Zeichenkette abgeschnitten werden (truncate). Seien s und t Zeichenketten, so bedeutet:

$$(1.2) \qquad s \ \text{TCT} \ t \ := \begin{cases} u, & \text{falls es eine Zeichenkette u gibt} \\ & \text{mit } s = u \ \text{CAT} \ t, \\ s & \text{sonst} \end{cases}.$$

Das Symbol TCT kann durch das Zeichen $\leftarrow$ dargestellt werden.

$$(2) \qquad\qquad \leftarrow: \ S \longrightarrow S.$$

Der Umkehroperator $\leftarrow$ liefert die rückläufige Form einer Zeichenkette. Ist $s = c_1 c_2 \ldots c_n$ mit $c_i \in C$, so bedeutet:

$$\leftarrow s \ := c_n c_{n-1} \ldots c_1.$$

$$(3) \qquad\qquad . \ : \ S \ * \ S \longrightarrow Q$$

Der Positionsoperator . liefert die Anfangsposition eines Teilstrings innerhalb einer Zeichenkette. Kommt in der Kette der gesuchte Teilstring mehrfach vor, so wird von links der erste Teilstring gewählt.

Sei s eine Zeichenkettenvariable, t eine Zeichenkette, so gilt

$$s.t \ := \begin{cases} \#u+1, & \text{falls } s=utv \text{ und es gibt kein } a \in C \\ & \text{mit ta ist Teilstring von ut} \\ 0, & \text{sonst} \end{cases}.$$

<u>Beispiele</u> zu den Stringoperationen:

Stringausdruck	Wert
s	'ABCDEFABC'
t	'ABC'
t CAT 'XY'	'ABCXY'
s TCT t	'ABCDEF'
t TCT 'B'	'ABC'
$\leftarrow$t CAT t('A': #t)	'CBABC'
s(s.'B'+1 : #s)	'CDEFABC'
s('B' : #s)	'CDEFABC'

4   <u>VERGLEICHE ZWISCHEN ZEICHENKETTEN</u>

Vergleiche bauen auf der alphabetischen Ordnung in C auf, die durch die
$<$ -Relation festgelegt ist. Die Erweiterung dieser Ordnung auf $C^* = S$
führt zu der lexikographischen Ordnung, mit der die folgenden Relationen
in natürlicher Weise erklärt werden:

$$<, \quad \leq, \; >, \quad \geq : \quad S \; * \; S \longrightarrow \{\,'0'B, \; '1'B\,\} \; .$$

Weiter gibt es noch die Relationen

$$=, \; \neq \, , \quad PARTOF, \; LEFTEND, \; RIGHTEND,$$

die für Zeichenketten s und t folgendermaßen definiert sind:

Der Vergleich:	ist genau dann wahr, wenn:
s = t	$\#s = \#t$ und $s(i.)=t(i.)$ für $i=1,\ldots, \#s$
s $\neq$ t	s = t ist falsch
s PARTOF t	t = usv: s ist Teilstring von t
s RIGHTEND t	t = us: s ist Endkette von t
s LEFTEND t	t = sv: s ist Anfangskette von t

Als weitere Beispiele wählen wir zwei Programmstücke, die die online-
Korrektur falsch getippter Einträge durchführen.

```
1.      read n, m, t ;
        s(n:m) := t ;
```

Hierbei werden vom Benutzer zwei Zahlen und ein String eingegeben. Vom
Programm wird dann der Teilstring in s vom n-ten bis zum m-ten Zeichen
durch t ersetzt. Sei s = 'elektranphalogramm'. Die Eingaben 7,8,'oenze'
bewirken die Korrektur.

```
2.      read t;
        for i:=1 to  #s loop
        case t(i.) with '[': s(i:i-1) := t(i-1:);
                             i := #s
                   with ']': s(i.) := '';
                             t(i.) := '';
                   with ' ':
                   else      s(i.) := t(i.)
        esac
        loopend
```

Dieses Programm entspricht dem in der Systemsoftware der TR440 vorhandenen KORRIGIERE-Kommando. Der Korrekturstring enthält Einfügungen, die mit [eingeleitet werden, Löschungen mit Hilfe von] und Ersetzungen durch Angabe eines Zeichens auf entsprechender Position.

Sei   s = 'nautooplogie'.

Durch   t = ' e r] [hysio'

entsteht   s = 'neurophysiologie'.

LITERATUR

[1] BERTSCH, E., MUELLER VON BROCHOWSKI, A., NEISIUS, A., PINK, A.:
    Die Programmiersprache COMSKEE.
    (Bericht E-1-76 des SFB 100).

[2] HOUSDEN, R.J.W.: On String Concepts and Their Implementation.
    Computer Journal 18 (1975) 150.

[3] MILNER, R.: String Handling in ALGOL.
    Computer Journal 10 (1967) 321.

MÖGLICHKEITEN UND PROBLEME DER TEXTVERARBEITUNG

AUF LINGUISTISCHER GRUNDLAGE

S. Braun

Automatische Textverarbeitung besteht in ihrer einfachsten Version aus
dem Zerlegen von Texten in Wörter anhand von formal leicht erkennbaren
Trennzeichen wie z.B. dem Leerzeichen, dem Zerlegen von Wörtern in Bestandteile anhand einer fest vorgegebenen Liste von Segmenten oder dem
Zusammensetzen von Texten aus fest vorgegebenen Textstücken. In allen
diesen Fällen müssen lediglich die in der Informatik üblichen Operationen der Zeichenkettenverarbeitung (Stringmanipulation) ausgeführt
werden. Eine genaue Kenntnis der Struktur dieser Zeichenketten ist nicht
nötig; dieselben Tätigkeiten könnten auch mit Ketten aus Zahlen oder
sonstigen Symbolen ausgeführt werden.

Für jede weitergehende automatische Textverarbeitung, insbesondere solche
mit dem Ziel, den in einem Text natürlichsprachlich dargestellten sach-
lichen Inhalt zu erkennen und für eine weitere Verarbeitung formal dar-
zustellen, müssen Erkenntnisse und Methoden der Linguistik berücksichtigt werden. Unglücklicherweise läßt sich die reichhaltige linguistische
Fachliteratur nur sehr begrenzt hierfür heranziehen. Das Ziel dieser
Literatur ist meist, eine linguistische Theorie anhand oft nur weniger
Beispiele zu erläutern. Für die automatische Textverarbeitung dagegen
viel wichtiger sind möglichst vollständige Auflistungen der in Texten
auftretenden Strukturen, z.B. Wörterbücher aller Wortformen einer natürlichen Sprache oder eine Aufzählung aller Verben mit ihren möglichen
Ergänzungen. Auflistungen dieser Art sind unentbehrlich als Grundlage
für den Entwurf von Algorithmen zur automatischen Textverarbeitung, die
mehr als eine zufällige Untermenge der natürlichsprachlichen Strukturen
erfassen können sollen. Kenntnis der Strukturmodelle der linguistischen
Theorie ist für diesen Entwurf zusätzlich notwendig - wer Textverarbeitung betreiben will, kann sich unmöglich damit begnügen, daß er die zu
bearbeitende Sprache z.B. als Muttersprache kennt -, doch müssen diese
Modelle stets anhand der genannten Auflistungen überprüft und gegebenenfalls für die geplante Anwendung abgeändert werden. Hinzu kommt, daß im
Gegensatz zu den Untersuchungen der Fachlinguistik bei der automatischen
Textverarbeitung selten der volle Umfang einer natürlichen Sprache erfaßt werden soll. Meist beschränkt man sich auf Fachsprachen und muß deren Eigenarten berücksichtigen; im Fall der medizinischen Textverarbei-

tung ist diese Notwendigkeit besonders deutlich. Auch aus diesem Grunde
müssen die Erkenntnisse und Methoden der linguistischen Fachliteratur
erst entsprechend angepaßt werden. Die Erfahrung zeigt übrigens, daß
eine einigermaßen effiziente maschinelle Textverarbeitung nur für Fachsprachen möglich ist; es ist eine offene Frage, welche sprachlichen
Strukturen eine Fachsprache höchstens aufweisen darf, um maschinell ver-
arbeitbar zu sein.

Bei den Algorithmen zur automatischen Textverarbeitung lassen sich grob
drei Klassen unterscheiden: Algorithmen für die morphologische, für die
syntaktische und für die semantische Analyse; diese Einteilung entspricht
den klassischen linguistischen Arbeitsgebieten. Im Folgenden werden einige solcher Algorithmen vorgestellt; sie stammen mit einer Ausnahme aus
dem Teilprojekt "Linguistische Aspekte der Dokumentation" des Sonderfor-
schungsbereichs "Elektronische Rechenanlagen und Informationsverarbeitung" der Deutschen Forschungsgemeinschaft an der Technischen Universität München.

<u>Tab. 1</u>: Die 14 deutschen Substantiv-Flexionsendungen mit Beispielen

TAG	E	HASE	N
WAGNIS	SE	MENSCH	EN
AUTO	S	ARBEITERIN	NEN
BUCHSTABE	NS	WAGNIS	SEN
HERZ	ENS	FOSSIL	IEN
TAG	ES	WÄLD	ERN
WAGNIS	SES	WÄLD	ER

Die ersten beiden Algorithmen sind Algorithmen zur morphologischen Analyse. Der erste von ihnen behandelt die Deflexion deutscher Substantive
mit eingeschränktem Wörterbuch [7], also die Reduktion flektierter Formen auf eine Standardform (meist der Nominativ Singular), ohne wie bei
sonstigen Verfahren [1, 6] eine Liste sämtlicher deutscher Substantiv-
Standardformen heranziehen zu müssen. Voraussetzung für den Algorithmus
ist, daß die Wortart "Substantiv" bereits bekannt ist (zu erkennen z.B.
an der Großschreibung). Ausgangspunkt ist die Beobachtung, daß bei deutschen Substantiven nur 14 verschiedene Flexionsendungen existieren (siehe
Tab. 1). Jede Substantivform, die auf eine andere Graphemkette endet,
ist daher Standardform. Für alle übrigen Substantivformen, die also auf
eine potentielle Endung r enden, gibt es fünf Möglichkeiten:

1. Die Form ist (trotzdem) Standardform:
   WIESE mit r = SE.
2. Die Form ist zu reduzieren, aber mit kürzerer Endung r':
   RISSE mit r = SE →RISS mit r' = E.

Die restlichen Möglichkeiten bestehen für Endungen, die zusammen mit einem Umlaut auftreten, der Plural-Umlaut sein kann:

3. Die Form ist zu reduzieren durch Beseitigen nur des Umlauts:
   VÄTER mit r = ER → VATER.

4. Die Form ist zu reduzieren durch Fortlassung der Endung:
   BEGRÄBNISSE mit r = SE → BEGRÄBNIS.

5. Die Form ist zu reduzieren durch Fortlassen der Endung und Beseitigen des Umlauts:
   DRÄHTE mit r = E → DRAHT.

Für jede potentielle Endung r kann man demnach die auf r endenden Substantivformen in 5 Verarbeitungsklassen entsprechend diesen fünf Möglichkeiten einteilen. Nun sind für gegebenes r manche dieser Klassen leer und die übrigen sehr verschieden umfangreich. Man ordnet daher die Klassen für r nach aufsteigender Mächtigkeit und legt eine Wortformenliste aus allen, außer der umfangreichsten Klasse an. Eine Wortform w mit potentieller Endung r wird dann deflektiert, indem man sie in aller explizit aufgelisteten r-Klassen nachschlägt und, falls dort nicht vorhanden, gemäß der Vorschrift für die umfangreichste Klasse reduziert. Bild 1 zeigt die Verarbeitungsklassen für r = E und r = ER. Bei z.B. r = ER und Umlaut umfaßt die Klasse 3 weniger als 10 Elemente und die Klasse 1 ca. 500 Elemente. Eine einschlägige Wortform wird daher zunächst in diesen Klassen gesucht und, falls nicht vorhanden, reduziert durch Fortlassen von ER und Beseitigen des Umlauts.

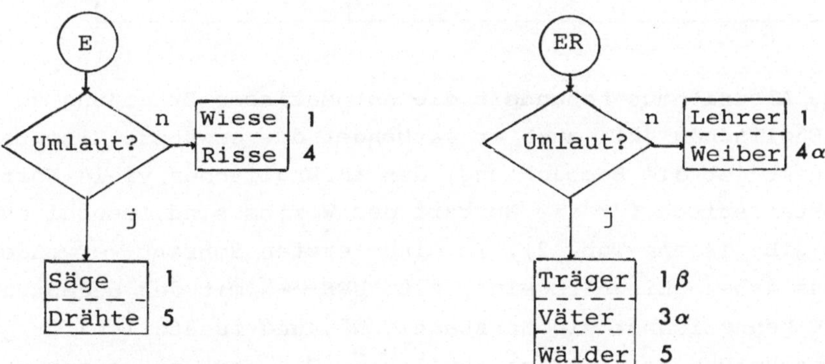

Bild 1: Verarbeitungsklassen für die Endungen E und ER. α bezeichnet die kleinste, β die zweitkleinste Klasse bei ER

Der Algorithmus wurde programmiert und an zwei Texten mit 80.000 bzw. 66.000 Wörtern laufenden Textes getestet. Die benutzten Wortlisten wurden anhand eines rückläufigen Wörterbuchs des Deutschen [4] zusammengestellt und umfassen insgesamt ca. 7.500 Einträge, also erheblich weniger als ein kompletter Wortschatz deutscher Substantivformen. In den

beiden Texten traten ca. 7.000 bzw. 5.500 verschiedene Substantivformen
auf, von denen jeweils ca. 2/3 auf eine potentielle Endung endeten. Der
Algorithmus reduzierte diese Wortformen mit einer Fehlerquote von ca. 2%.

Charakteristisch für den Algorithmus zur Deflexion ist, daß die Reduktion weder ausschließlich durch Regeln noch ausschließlich durch Nach-
schlagen in Wörterlisten erfolgt. Stattdessen wird eine Mischtechnik
verwendet: Regeln werden dort verwendet, wo sie schnell zuverlässige
Ergebnisse liefern; in allen anderen Fällen wird eine Wörterliste benutzt. Eine solche Mischtechnik ist offenbar bei der automatischen Textverarbeitung besonders geeignet: erfahrungsgemäß kann man bei der Verarbeitung natürlicher Sprache die überwiegende Anzahl der Fälle durch
sehr einfache Regeln erfassen, wogegen es aussichtslos erscheint, alle
Phänomene durch Regeln zu erfassen.

<u>Tab. 2</u>: Charakteristische Endungen für Wortarten im Englischen

Endung	Wortart	Beispiel	Gegenbeispiel
ABLE	adj	probable	disable table
FY	verb	modify	leafy
URE	subst	closure	endure immature

Der zweite Algorithmus behandelt die automatische Erkennung von Wortarten im Englischen [2]; auch er verwendet die erwähnte Mischtechnik.
Ausgangspunkt ist die Beobachtung, daß im Englischen viele Wortendun-
gen charakteristisch für die Wortart des Wortes sind, obwohl es auch
Ausnahmen gibt (siehe Tab. 2). In einem ersten Schritt verwendet der
Algorithmus daher "Einzelregeln", z.B. URE⟶N mit der Bedeutung "die
Endung URE kennzeichnet ein Substantiv N", und zusätzlich für jede cha-
rakteristische Endung eine Ausnahmeliste. Ein Wort mit einer charakteristischen Endung wird zunächst in der entsprechenden Ausnahmeliste nach-
geschlagen; falls nicht vorhanden, erhält es seine Wortart gemäß der
Regel. Zusätzlich kann eine morphologische Analyse ausgeführt werden,
die die Endungen S und ES der Substantive und Verben behandelt, und
schließlich wird eine Liste der "Funktionswörter" wie THE, OF, WHICH
mit Angabe der jeweiligen Wortart benötigt.

Kontext:

	The	transmitter ①	is	the	set ②	of	devices ③	which
ohne	F (art)	Z	F (aux)	F (art)	Z	F (prep)	NV	F (rel)
mit		N			N		N	

	change ④	the	sound ⑤	pressure ⑥	of	the	voice ⑦	into
ohne	Z	F (art)	Z	N	F (prep)	F (art)	Z	F (prep)
mit	V		A ◀				N	

	the	varying ⑧	electrical ⑨	current. ⑩
ohne	F (art)	ING	A	Z
mit		A		N

Bild 2: Wortartbestimmung für einen englischen Satz.
Wortarten: A Adjektiv, F Funktionswort, ING Ing-Form,
N Substantiv, V Verb, Z unbekannte Wortart.
Einzelregeln: URE→N, AL→A. ◀ siehe Text.
Morphologische Regel: ES→NV (Substantiv oder Verb).
Die Zahlen numerieren die zu bestimmenden Wörter

Bild 2 zeigt das Ergebnis des ersten Schritts für einen Beispielsatz
(Ergebnisse "ohne Kontext"). Die Erfahrung zeigt, daß hierbei die Wortart sehr vieler Wörter gar nicht (Wortart "Z") oder nicht eindeutig
(z.B. Wortart NV für Substantiv oder Verb) bestimmt werden kann. Das
Ergebnis kann jedoch wesentlich verbessert werden, wenn der Kontext
eines Wortes berücksichtigt wird. Hierzu dienen "Kontextregeln" (siehe
Tab. 3), die z.B. ein Wort w im Kontext "the w is..." als Substantiv
erkennen. In Bild 2 ist angegeben, wie durch die Kontextregeln von Tab.
3 die Wortarten aller Wörter korrekt bestimmt werden (Ergebnisse "mit
Kontext"), mit einer anscheinend charakteristischen Ausnahme: in der
Situation "the Z N" ist nicht erkennbar, ob Z ein Adjektiv A oder ein
Substantiv N ist (◀).

Tab. 3: Kontextregeln zur Wortartbestimmung. Die Zahlen beziehen sich
auf Bild 2

1,2,7	art Z F → art N F	5	art Z NV F → art A N F
3	prep NV rel → prep N rel	8	art ING A → art A A
4	rel Z art → rel V art	10	A Z . → A N.

Der Algorithmus verwendet derzeit 55 Einzelregeln und 795 Kontextregeln;
die Ausnahmelisten enthalten 5.240 Wörter. Einzelregeln und Ausnahmelisten wurden aus ca. 38.000 Einträgen eines rückläufigen Wörterbuchs zusammengestellt. Ein Test an insgesamt ca. 50.000 Wörtern laufenden Textes ergab 84% korrekte Wortartbestimmungen (hierin sind allerdings die
Funktionswörter enthalten, die etwa die Hälfte des laufenden Textes aus-
machen), 14% nicht eindeutige, aber auch nicht falsche Bestimmungen
und 2% falsche Bestimmungen.

Algorithmen für die syntaktische Analyse von Texten lassen sich im Prinzip auf den Algorithmen aufbauen, die in der Informatik für die syntaktische Analyse formaler Sprachen entwickelt wurden. Es hat sich jedoch
gezeigt, daß für Texte spezielle Formulierungen solcher Analyseverfahren
zweckmäßig sind. Eine dieser Formulierungen sind die Automaten-Netzwerke
(Transition Networks, TN) [10], die hier nur an einem Beispiel erläutert
werden sollen. Bild 3 zeigt ein Automaten-Netzwerk für die syntaktische
Analyse von Aussagesätzen. Es besteht aus drei finiten Automaten, die miteinander dadurch verbunden sind, daß beim Übergang in einem Automaten
ein weiterer Automat (mittels Nennung seines Anfangszustandes als "Über-
gangszeichen") aufgerufen werden kann. Z.B. wird beim Übergang vom Zustand S zum Zustand q_1 im ersten Automaten von Bild 3 der zweite Automat
aufgerufen. Das Netzwerk verarbeitet einen Satz von links nach rechts
wortweise und akzeptiert ihn, wenn der hierarchisch oberste Automat nach
Verarbeiten des letzten Wortes in einem Endzustand ist. Hierarchisch un-
tergeordnete Automaten verarbeiten Teilphrasen, und ein mit einem Unter-
automaten-Anfangszustand bezeichneter Übergang findet nur statt, wenn
der Unterautomat die entsprechende Teilphrase akzeptiert. Von einem Zustand aus sind im allgemeinen mehrere Übergänge möglich; damit werden
durch einen Automaten mehrere syntaktische Strukturen erfaßt.

Ein Automaten-Netzwerk wie in Bild 3 entspricht einer kontextfreien Grammatik. Eine erweiterte Version, das "Augmented Transition Network" (ATN)
ergibt einen Automaten, der einer Turingmaschine äquivalent ist. Ein ATN
entsteht aus einem TN, indem für einen Übergang zusätzlich spezielle
Übergangsbedingungen gefordert und sog. Übergangsaktionen ausgeführt
werden [10].

Automaten-Netzwerke, vor allem ATN, haben weite Verbreitung zur Formulierung von Algorithmen zur syntaktischen Analyse von Texten gefunden. Ihr
Nachteil besteht darin, daß die Konstruktion umfangreicher ATN mühsam
und fehleranfällig ist, ähnlich der Konstruktion größerer Programme.

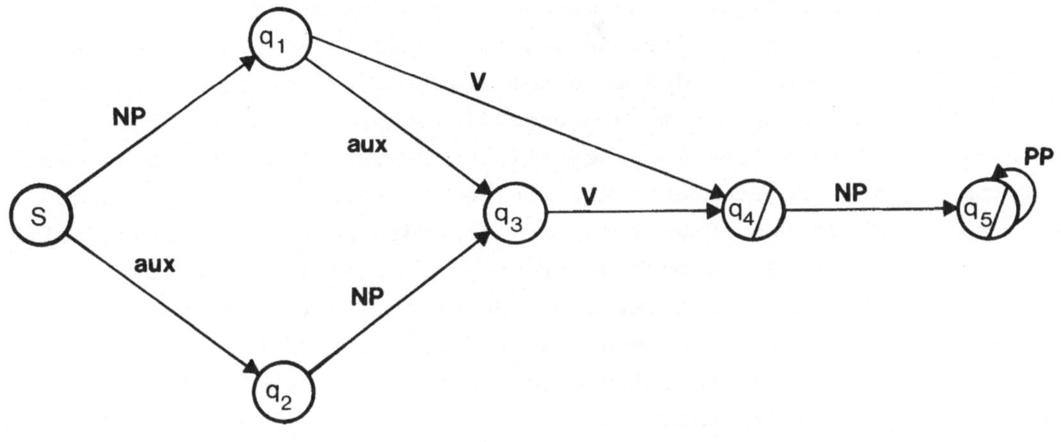

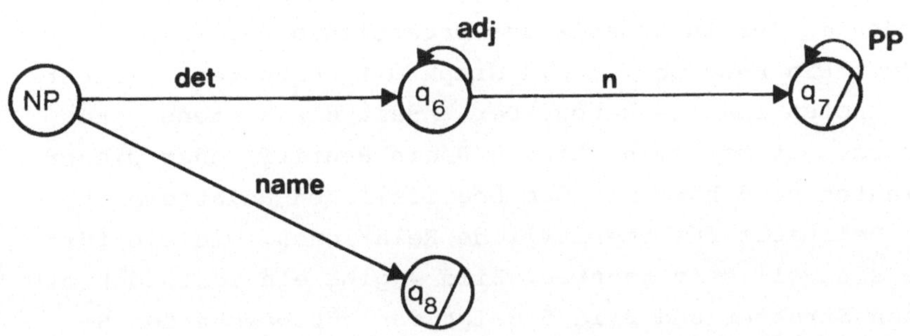

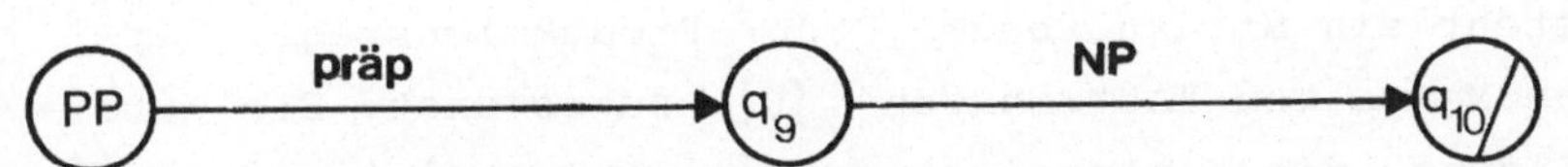

<u>Bild 3</u>: Automaten-Netzwerk für die syntaktische Analyse von Aussage-
sätzen.
Symbole: S Satz, NP Nominalphrase, V Verb, PP Präpositionalphrase; aux Hilfsverb, det Determiner, n Substantiv, adj Adjektiv, name Name, präp Präposition.

q_j Endzustand

Die letzten beiden Algorithmen sind Algorithmen zur semantischen Analyse, also der Erkennung und formalen Darstellung der in einem Text natürlichsprachlich dargestellten begrifflichen Beziehungen. Ziel einer solchen Analyse ist es zu erkennen, von welchen Sachverhalten in einem
Text die Rede ist und welche begrifflichen Beziehungen zwischen diesen
Sachverhalten ausgedrückt werden. Beide Algorithmen stammen aus der Arbeit des Sonderforschungsbereiches an der TU München.

Der erste der beiden Algorithmen erkennt die Beziehung zwischen Ober-
und Unterbegriffen anhand einer Zerlegung deutscher Komposita. Ausgangspunkt ist die Beobachtung, daß in einem zweiteiligen deutschen Kompositum sehr oft das Kompositum Unterbegriff seiner zweiten Komponente
ist; z.B. ist STEUERREFORM Unterbegriff von REFORM. Ein entsprechender
Algorithmus wurde programmiert (mit einigen Verfeinerungen: die Komponenten können durch sog. Fugenmorpheme verbunden sein, und für spezielle
Erstkomponenten gilt die Hypothese nicht) und ergab am Material eines
Thesaurus für Informatik mit ca. 9.000 Begriffen fast ausnahmslos korrekte Ergebnisse. Ein solches Erkennen begrifflicher Beziehungen anhand
einer Segmentierung von Komposita wurde speziell für medizinische Fach-
termini vor allem in [9] untersucht.

Der letzte Algorithmus [8] überführt Texte in sogenannte H-Graphen [5],
in denen die begrifflichen Beziehungen explizit und formal sichtbar werden. H-Graphen werden in der Informatik zur Darstellung der Semantik von
Programmen verwendet. Ein H-Graph ist ein Graph mit benannten, gerichte-
ten Kanten, dessen Knoten Inhalte haben. Der Inhalt des Knotens eines
H-Graphen kann entweder atomar sein (hier z.B. ein Begriff) oder wieder
ein H-Graph. Die Kanten sind hier mit den begrifflichen Relationen be-
nannt. Tab. 4 gibt Beispiele für begriffliche Relationen, wie sie für
medizinische Texte sinnvoll sein könnten. Bild 4 gibt ein Textstück mit
seiner syntaktischen Struktur und Bild 5 zeigt den entsprechenden H-
Graphen. Der Übergang vom Text zum H-Graphen geschieht in den folgenden
Schritten:

1. Der Text wird syntaktisch analysiert anhand einer (Chomsky-)Grammatik.
   Als Ergebnis entsteht ein Strukturbaum. Jeder Produktionsregel der
   Grammatik ist eine Menge von "Attributen" [3] zugeordnet. Ein Attribut ist eine Abbildung, die einem nichtterminalen Symbol der Grammatik gewisse Werte zuordnet. Hier wird insbesondere ein Attribut g
   ("graph") benötigt, das einem nichtterminalen Symbol einen Teil eines
   H-Graphen zuordnet.

2. Der Strukturbaum des Textes wird in Richtung von den terminalen Symbolen zur Wurzel und von links nach rechts abgearbeitet. Für jedes
   nichtterminale Symbol werden die der betreffenden Produktionsregel zugehörigen Attribute angewendet. Speziell durch Anwenden des Attributs
   g entsteht damit stückweise der H-Graph.

Bild 6 gibt die (kontextfreie) Grammatik für das Textstück aus Bild 4
und zu jeder Produktionsregel die zugehörigen Attribute, die dann Bild
4 in Bild 5 überführen. Man erkennt z.B., wie zu Produktionsregel 2, die

Tab. 4: Begriffliche Relationen für medizinische Texte

OBER	zwischen Substantiven "hat als Oberbegriff" Bronchitis OBER Erkrankung
REF	zwischen Adjektiv und Substantiv "Referenz" chronisch REF Bronchitis ¬(chronisch REF Knie)
PART	zwischen Substantiven "Teil-Ganzes" Glomeruli PART Niere
PRP	begrifflich notwendige Ergänzung zwischen Substantiven "Präpositionalbeziehung" Erkrankung PRP Patient
LOC	zwischen Substantiven "Lokalisierung" Abszeß LOC Finger
CAUS	zwischen Substantiven "Kausalbeziehung" Blässe CAUS Anämie
SYN	zwischen Substantiven "Synonymie" Lungenentzündung SYN Pneumonie
ANT	zwischen Adjektiven "Antonymie" leicht ANT schwer
AVAJ	zwischen Adverb und Adjektiv stark AVAJ verschattet

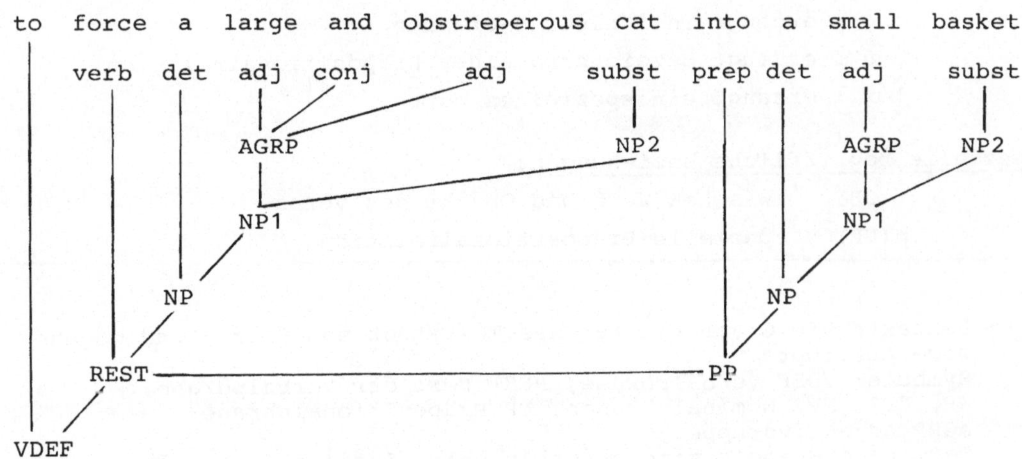

Bild 4: Textstück mit syntaktischer Struktur (Grammatik siehe Bild 6)

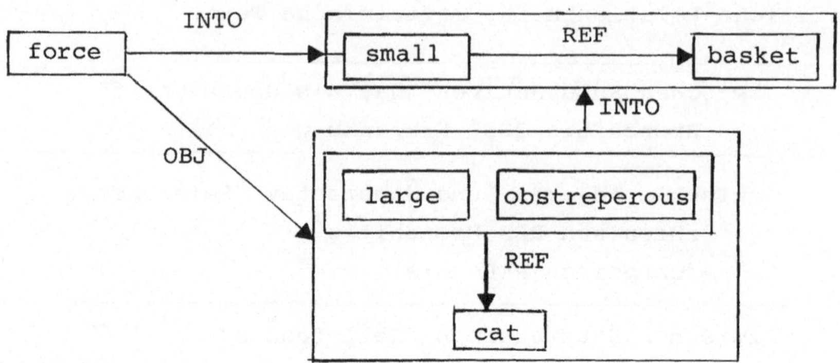

<u>Bild 5</u>: H-Graph für das Textstück von Bild 4

1. VDEF → <u>to</u> REST   g(VDEF) = $\boxed{g(REST)}$

2. REST → <u>verb</u> NP PP   g(REST) = g(verb) $\xrightarrow{\text{OBJ}}$ g(NP)
                                                      $\Big\downarrow n(PP)$
                                            $\xrightarrow{n(PP)}$ g(PP)

3. NP → <u>det</u> NP1   g(NP)   = g(NP1)

4. NP1 → AGRP NP2   g(NP1) = $\boxed{g(AGRP) \xrightarrow{\text{REF}} g(NP2)}$

5. AGRP → <u>adj</u> | <u>adj</u>$_1$ <u>conj</u> <u>adj</u>$_2$ g(AGRP) = $\boxed{\text{lex(adj)}}$ | $\boxed{\boxed{\text{lex(adj}_1)} \boxed{\text{lex(adj}_2)}}$

6. NP2 → <u>subst</u>   g(NP2) = $\boxed{\text{lex(subst)}}$

7. PP → <u>prep</u> NP   g(PP)   = g(NP); n(PP) = lex(prep)

<u>Attribute</u>:

      g : erzeugt Teil eines H-Graphen

      n : erzeugt Bezeichnung einer Präpositionalrelation

   lex : erzeugt ein spezielles Wort

<u>spezielle begriffliche Beziehungen</u>:

     OBJ   zwischen Verb und Objekt des Verbs

   n(PP)   spezielle Präpositionalrelation

<u>Bild 6</u>: Kontextfreie Grammatik für das Textstück aus Bild 4 und zugehö-
rige Attribute.
Symbole: VDEF Verbalphrase, REST Rest der Verbalphrase,
NP, NP1, NP2 Nominalphrasen, PP Präpositionalphrase,
AGRP Adjektivgruppe.
Terminale Symbole sind unterstrichen. Indices in Regel 5
zur Unterscheidung für g von beiden adj in der zweiten Alter-
native der Regel

den REST des Textstücks in Verb, Nominalphrase NP und Präpositionalphrase PP zerlegt, das zugehörige Attribut g einen Graphen aufbaut, in dem die "Objekt"-Beziehung OBJ zwischen Verb und Nominalphrase und eine Präpositionalbeziehung n(PP) (näher festgelegt in Regel 7) sowohl zwischen Verb und PP wie zwischen NP und PP explizit dargestellt ist. Attributierte Grammatiken wie die in Bild 6 müssen manuell konstruiert werden.

Techniken zur semantischen Analyse wie die eben beschriebenen stammen ursprünglich aus Untersuchungen über sog. Frage-Antwort-Systeme im Rahmen der "Artificial Intelligence". Es erscheint durchaus lohnend, diese Techniken, die bisher nur auf äußerst eng begrenzte Sachgebiete angewendet wurden, für das wichtige Gebiet der Textverarbeitung in der Medizin zu erproben. Gerade bei medizinischen Texten könnte die recht detaillierte Darstellung begrifflicher Zusammenhänge, z.B. in Form der H-Graphen, nützlicher sein als die gängige Darstellung eines Textinhaltes lediglich durch eine ungeordnete Menge von Stichwörtern.

LITERATUR

[1] BRAUN, S.: Algorithmische Linguistik.
    (Stuttgart: Berliner Union/Kohlhammer 1974).

[2] JANAS, J.M.: Automatic Recognition of the Part-of-Speech for English Texts.
    Erscheint in: Information Processing and Management 13 (1977).

[3] KNUTH, D.E.: Semantics of Context Free Languages.
    Math. Systems Theory 2 (1968).

[4] MATER, E.: Rückläufiges Wörterbuch der deutschen Gegenwartssprache.
    (Leipzig: 1965).

[5] PRATT, T.W.: Pair Grammars, Graph Languages and String-to-Graph Translations.
    J. of Comp. and Systems Sciences 5 (1971).

[6] SCHOTT, G.: Automatic Analysis of Inflectional Morphemes in German Nouns.
    Acta Informatica 1 (1972) 360 - 374.

[7] SCHOTT, G.: Automatische Deflexion unter Verwendung eines Minimalwörterbuchs.
    (Institut für Informatik der TU München, Bericht Nr. 7514, November 1975).

[8] SCHWIND, C.: Generating Hierarchical Semantic Networks from Natural Language Discourse.
    Advance Papers of the 4th International Joint Conference on Artificial Intelligence, Tiflis (USSR) (1975) 429 - 434.

[9] WINGERT, F.: Morphosyntaktische Zerlegung von Komposita der medizinischen Sprache.
    Meth. Inform. Med. (Im Druck).

[10] WOODS, W.A.: Transition Network Grammars for Natural Language Analysis.
    CACM 13 (1970) 591 - 606.

EINE PHARMAKA-DATENBANK MIT NATÜRLICHER ZUGRIFFSSPRACHE

K.D. Krägeloh, K.O. Rosenkranz

Die Nutzung eines Datenbanksystems hängt weitestgehend von der Benutzerfreundlichkeit der Schnittstelle ab, die dem Anwender angeboten wird.
Die äußere Form einer solchen Schnittstelle (Syntax) ist in Anwendungs-
bereichen wie der Medizin umso kritischer, als man von Benutzern (z.B.
Ärzten) nicht erwarten kann, für den Einsatz eines Datenbanksystems eine
formale (Programmier-) Sprache lernen zu müssen. Als ein möglicher Aus-
weg bietet sich hier die natürliche Sprache an. Die Analyse von natürlicher Sprache ist in den bestehenden Ansätzen aber meist so komplex,
daß die Verknüpfung mit einem Datenbanksystem zu sehr umfangreichen Pro-
grammpaketen führt.

Die vorliegende Arbeit versucht, eine Teilmenge der deutschen Sprache
zu definieren, die als Zugriffssprache für ein Datenbanksystem geeignet
ist, deren Analyse jedoch - gemessen am gesamten Aufwand zur Bearbeitung
einer Anfrage - vergleichsweise geringen Aufwand verursacht. Andererseits
ist eine derartige Zugriffssprache nur sinnvoll, wenn das zugehörige Datenbanksystem über flexible Konzepte zur Strukturierung der Datenbasis
verfügt. Im vorliegenden Fall findet ein Datenbanksystem Anwendung, in
dem die Daten in Form von Mengen und Relationen abgespeichert sind und
mit entsprechenden mengen-/relationentheoretischen Operatoren verarbeitet
werden können. Ziel der Verarbeitung einer natürlichsprachlichen Anfrage
an das Datenbanksystem ist dann deren Übersetzung in einen mengentheoretischen Ausdruck.

Der Sprachmächtigkeit der Zugriffssprache werden dabei vor allem durch
die Lösungen für Übersetzerkomponenten, wie der lexikalischen Analyse und
der Syntaxanalyse, Beschränkungen auferlegt. Insbesondere wird die Sprachmenge durch eine kontextfreie Grammatik beschrieben. Kontextfreie Sprachen haben den erheblichen Vorteil, schnell und mit vergleichsweise geringem Aufwand analysierbar zu sein. Der Nachteil einer beschränkten
Mächtigkeit der kontextfrei beschreibbaren Sprachmenge fällt bei Daten-
banksystemen kaum ins Gewicht. Nach anerkannten Untersuchungen (MIT:
Malhorta) tendieren Benutzer natürlichsprachlicher Datenbanksysteme zu
strukturell einfachen, kurzen Sätzen. Die Praktikabilität der kontextfreien Definition einer natürlichen Zugriffssprache muß allerdings durch
formale Erweiterungen der Sprachdefinition, wie die Verwendung von Merkmalen (features im CHOMSKY'schen Sinn), verbessert werden. Hierbei werden

den syntaktischen Variablen der Grammatik (z.B. "Substantiv") Merkmale
zugeordnet, die gewisse Eigenschaften der Variablen (u.a. Kasus, Nume-
rus, Genus) beschreiben. Die Produktionen der Grammatik werden um die
Behandlung dieser Merkmale erweitert (Beispiel: die Folge "Adjektiv
Substantiv" ist nur dann syntaktisch korrekt, wenn beide Variablen in
Kasus, Numerus und Genus übereinstimmen).

Die Syntaxanalyse im vorliegenden System wird von einem sehr einfachen
Algorithmus durchgeführt (Vereinfachung des Martin-Kay-Zerteilers), der
beliebige kontextfreie Sprachen verarbeiten kann. Der Algorithmus ist
schnell und leicht implementierbar.

Ein großes Problem bei der Analyse natürlicher Sprache stellt die morphologische Analyse dar, d.h. die Rückführung deklinierter, konjugierter
etc. Worte auf ihre Stammform. Hierzu muß von einem Lexikon ausgegangen
werden, das alle benötigten Stammformen enthält. Der Analyseaufwand hängt
dann von der tolerierten Fehlerquote (prozentualer Anteil falsch redu-
zierter Formen) ab. Im Zusammenhang mit Anfragen an Datenbanksysteme liefern jedoch schon recht einfache Lösungen zufriedenstellende Ergebnisse.
Wir basieren bezüglich Adjektiven und Substantiven auf einer vereinfach-
ten Version des Algorithmus von SCHOTT [5]. Jeder Wortstamm wird einer
Endungsklasse zugeteilt, allerdings nicht wie üblich manuell, sondern bei
der Wortdefinition durch den Rechner selbst. Eine Endungsklasse enthält
eine Menge von Endungen, die dem Stamm angehängt werden dürfen. Jede Endung gibt über eine Anzahl von Merkmalen syntaktische Eigenschaft(-en)
(Kasus etc.) der Wortformen an, die diese Endung enthalten. Pluralformen
(Umlautbildung!) werden explizit im Lexikon geführt. Dieses Verfahren
erlaubt die korrekte Rückführung aller <u>richtig</u> deklinierten bzw. konjugierten Formen. Lediglich bei Benutzerfehlern kann auch der Algorithmus
Fehlverhalten zeigen.

Das Datenbanksystem KAIFAS (<u>Ka</u>rlsruher <u>I</u>nformatik <u>F</u>rage-<u>A</u>ntwort-<u>S</u>ystem)
mit einer mengentheoretischen Datenbank und natürlich-deutscher Zugriffs-
sprache wurde in der Pharmazie angewendet, und zwar auf einen Arznei-
mittelbestand der Roten Liste. Hierbei lassen sich Eigenschaften der Präparate wie "pflanzlich", "chemisch-definiert", ein "Einzelstoff", eine
"Ampulle" oder ein "Dragee" zu sein, als Teilmengen aus der Menge der Präparate interpretieren. Begriffe wie "Indikation", "Kontraindikation" oder
"Hersteller" sind (zweistellige) Relationen zwischen Präparaten, Herstel-
lern, Krankheitsbildern etc.

Es lassen sich hierbei zwei typische Auswertungssituationen der Datenbank unterscheiden, für die sich der Zugriff in natürlicher Sprache als sinnvoll erweist:

1) Die Situation des Arztes bei der Verschreibung, wobei die Auswahl eines Pharmakons als Einschränkung über die Menge aller Präparate interpretiert wird. Diese Einschränkung könnte die Form der folgenden Fragekette haben, wobei sich jede Frage auf das Ergebnis der vorherigen bezieht:

Einschränkung über	Frage
1 Hauptindikation	Was sind Anabolika?
2 Therapeutisches Prinzip	Welche davon sind chemisch-definiert?
3 Exakte Indikationsangabe	Welche dieser Präparate haben Osteoporose als Indikation?
4 Kontraindikation	Welche davon haben Leberinsuffizienz als Kontraindikation?
5 Darreichungsform	Welche hiervon sind tablettenförmig?

Diese Fragekette würde den Bestand der Roten Liste auf die Präparate Primobolan® und Stromba® reduzieren.

2) Die Situation des Wissenschaftlers, der z.B. Querbeziehungen zwischen Arzneimittelgruppen herstellen will:

Welche Monopräparate, die Depression als Indikation haben, haben welche Kontraindikationen?
Als nächstes könnte diese Frage für Kombinationspräparate wiederholt und die Veränderungen in den Kontraindikationen beobachtet werden.

Das System KAIFAS ist z.Zt. auf einer Burroughs 6700 an der Universität Karlsruhe, Institut für Informatik eingerichtet. Die Datenbank enthält wegen der aufwendigen Datenerfassung nur die Gruppe der Psychopharmaka aus der Roten Liste. Diese Daten sind in der zuvor beschriebenen Weise von Fachleuten ausgewertet worden.

LITERATUR

[1] KRÄGELOH, K.D., LOCKEMANN, P.C.: Retrieval in a Set-Theoretically Structured Data Base.
International Computing Symposium, Davos 1973.
[2] KRÄGELOH, K.D., LOCKEMANN, P.C.: Hierarchies of Data Base Languages: An Example.
Information System 1, Nr. 3, 1975.

[3] KRÄGELOH, K.D.: Ein schichtenweise aufgebautes Datenbanksystem mit natürlicher Zugriffssprache.
(Dissertation, Universität Karlsruhe 1976).

[4] ROSENKRANZ, K.O., KRÄGELOH, K.D., UNGER, G.: Systems for Drug Information.
Vortrag auf der MEDCOMP, Berlin 1977.

[5] SCHOTT, G.: Automatische Kompositazerlegung mit einem Minimalwörterbuch zur Informationsgewinnung aus beliebigen Fachtexten.
(In diesem Band).

DATENSTRUKTUREN FÜR DOKUMENTATIONSSYSTEME

F. Gebhardt

1 FORDERUNGEN AN DIE DATENSTRUKTUR

In den letzten Jahren sind zahlreiche Überlegungen über geeignete Datenstrukturen für Informationssysteme angestellt worden; dabei sind die
Anforderungen, die von Dokumentationssystemen gestellt werden (insbesondere von Wortlautsystemen, die nicht nur Schlagwörter oder Abstracts,
sondern längere Texte speichern), praktisch vergessen worden.

Im juristischen Bereich hat sich herausgestellt, daß die in kommerziellen
Systemen angebotenen Datenstrukturen nicht ausreichen. Über die zusätz-
lichen Forderungen, die sich dort ergeben, soll hier berichtet werden.
Der Autor ist für Beiträge zu der Frage dankbar, ob es im medizinischen
Bereich ähnliche Anforderungen gibt, die mit den verfügbaren Systemen
gar nicht oder nicht ausreichend abgedeckt werden können.

Die Ergebnisse beruhen auf Arbeiten am Juristischen Informationssystem
(JURIS) der Bundesregierung und an einem Projekt der GMD (MAJUS, Methoden zur Aufbereitung und Abfrage in juristisch orientierten Suchsystemen).

1.1 Forderungen aufgrund der Struktur der Dokumente

Aus unseren Arbeiten haben sich die folgenden Forderungen an die Datenstruktur ergeben [5, 6] :

Von besonderer Wichtigkeit sind Möglichkeiten, verschiedene Dokumente
zu verknüpfen und diese Verknüpfungen automatisch zu verfolgen (also
ohne daß der Benutzer die Dokumentnummern der Zieldokumente neu eingeben muß). Ein allgemeines Beispiel sind Zitierungen; für den Juristen
haben die "expliziten juristischen Verweisungen" (Zitierungen zwischen
Rechtsnormen) eine hervorragende Bedeutung (siehe (3)). Ferner können mit
solchen Mitteln Probleme der verschiedenen Fassungen einer Norm (siehe
(4)) angegangen werden.

(1) Die Suche in Texten wie die Anzeige muß mindestens auf den folgenden
Ebenen möglich sein:

- Dokument,
- Paragraph (oder Abschnitt oder Kapitel),
- Absatz,
- Satz,
- Wort (für Suche mit Wortabständen).

Eine weitere Ebene zwischen Dokument und Paragraph wäre nützlich.

Obwohl Dokumente (z.B. Gesetze) zwischen den Ebenen Dokument und Paragraph noch mehrfach gegliedert sein können, ist eine Realisierung in Dokumentationssystemen nicht besonders wichtig; denn die Art der Gliederung unterscheidet sich von Dokument zu Dokument erheblich. Eine Suche "im gleichen Titel" ist daher erst sinnvoll, wenn man das Dokument schon vor sich hat und sieht (oder weiß), daß es (unter anderem) in Titel gegliedert ist.

(2) Formale Angaben (Autor, Titel, Gültigkeitsbeginn und viele andere, insgesamt über 1oo Kategorien, die bei der einen oder anderen Dokumentart auftreten können) müssen dem Dokument oder dem Paragraphen, evtl. auch dem Absatz zugeordnet werden können.

Eine Zuordnung zum Paragraphen (oder Absatz) ist zum Beispiel erforderlich für das Datum des Inkrafttretens einer neuen Fassung, bei Verweisen auf andere Dokumente, die nur einen (oder wenige) Paragraphen einer Norm behandeln (ändern, anwenden, auslegen usw.), bei Verweisen auf die vorangehende oder nachfolgende Fassung des gleichnamigen Paragraphen usw..

(3) Insbesondere bei Normen (Gesetzen, Rechtsverordnungen usw.) spielen die Verweisungen (Zitierungen) eine große Rolle. Eine formalisierte Verweisung enthält mindestens die zitierende und die zitierte Norm und die Verweisungsart, ggf. Datumsangaben und anderes. Der Benutzer muß auf einfache Weise wahlweise bestimmte Verweisungen oder die in diesen genannten zitierenden oder zitierten Normen (Ausgangs- bzw. Bezugsnorm) angezeigt bekommen.
Zur Verweisungsdokumentation allgemein siehe [2] , zu technischen Möglichkeiten, die dabei auftretenden Probleme zu lösen, siehe [5] .

(4) Bei Normen müssen auch ältere Fassungen gespeichert werden, im Normalfall muß sich die Suche aber auf die gültige Fassung beschränken. Die älteren Fassungen sollten dann möglichst nicht in die "Zahl der gefundenen Dokumente" und ähnliche Angaben eingehen.

(5) Wegen des großen Umfangs von geplanten Dokumentationssystemen (einige Milliarden Zeichen) sind Umkehrdateien unerläßlich. Offen bleiben kann hier die Frage, ob eine oder mehrere Umkehrdateien vorzuziehen sind. Ist nur eine vorhanden, so kann die Funktion getrennter Umkehrdateien zumindest teilweise durch die Bildung zusammengesetzter Schlagwörter simuliert werden (statt nach MAIER in der Umkehrdatei AUTOR sucht man nach AUTOR:MAIER in der gemeinsamen Umkehrdatei).

(6) Manche Systeme unterscheiden zwischen "formatierten" und "unformatierten" Daten; nur erstere können bei Vergleichsoperatoren (außer Gleichheit) und zum Sortieren verwendet werden. Im Einzelfall kann aber ein Benutzer auch eine Sortierung nach Autor oder Titel wünschen, eventuell sogar einen Vergleichsoperator auf eine typisch "unformatierte" Kategorie anwenden wollen.

Dem Benutzer kann eine Unterscheidung zwischen "formatiert" und "unformatiert", die technische Hintergründe hat, nicht zugeschoben werden. Für eine bei manchen Kategorien erforderliche "formatierte" Speicherung der Daten ist der Datenbankverwalter zuständig; der Benutzer braucht das nur zu wissen, wenn er es ausnützen will.

1.2   Einfache Datenstrukturen

Die Forderung des Abschnittes 1.1 können prinzipiell erfüllt werden; manche Datenbanksysteme bieten weit flexiblere und kompliziertere Strukturen an.

Für große Dokumentationssysteme mit einem weit verstreuten Kreis von Benutzern sind aber zwei weitere Forderungen wichtig.

(1) Die Datenstruktur muß so einfach wie möglich sein.

Komplizierte Datenstrukturen bewirken einen vergrößerten Aufwand nicht nur bei der Speicherung der Daten selbst, sondern noch mehr bei den Zielpunktlisten (unter Umständen muß bei jedem Eintrag ein Schlüssel über den von Dokument zu Dokument wechselnden Aufbau des Eintrages gespeichert werden, wenn sich der Eintrag nicht auf die Dokumentnummer beschränkt); die Bearbeitung langer Zielpunktlisten kann zu hohen Wartezeiten führen. Der Hinweis auf die ständig steigende Leistungsfähigkeit der Rechenanlagen zieht nicht, weil auf lange Zeit der Umfang von Dokumentationssystemen in gleichem Maße steigen wird.

Vor allem aber sind dem nicht-professionellen Benutzer komplizierte
Datenstrukturen nicht zuzumuten.

(2) Der Änderungsdienst soll nicht prohibitiv teuer sein oder zu sich
    verschlechternden Speicherbelegungen führen.

Der Änderungsdienst besteht bei Dokumentationssystemen keinesfalls
nur im Zugang neuer Dokumente. Es sind auch Fehler zu korrigieren,
neue Fundstellen, Verweisungen und Zitierungen nachzutragen; Paragraphen oder Absätze einer Norm sind durch neue Fassungen zu ergänzen (wobei die alte Fassung den Status "Gültige Fassung" verliert,
aber gespeichert bleibt). Die Bedeutung des Änderungsdienstes wird
bei Dokumentationssystemen häufig unterschätzt.

Die zweite Forderung läuft ebenfalls darauf hinaus, einfache und
möglichst weitgehend fixierte Datenstrukturen zu verwenden.

Ein vertretbarer Änderungsdienst ist nicht mehr möglich, wenn einzelne Dokumentteile nur in der Umkehrdatei, nicht aber in der Doku-
mentendatei gespeichert sind. Diese Möglichkeit muß daher unterbun-
den werden.

2   <u>CODIERUNGEN IM TEXT</u>

Bei Dokumentationssystemen ist es weiterhin erforderlich (und bei anderen Informationssystemen vielleicht nützlich), die Möglichkeit vorzusehen, zwischen den Daten verschiedene Codezeichen aufzunehmen. Beispiele hierfür sind (vgl. [3] Abschnitt 4.5):

- Markierung des Satzendes, damit die Operatoren auf Satzebene richtig arbeiten.
- Markierung des Absatzendes, damit die Operatoren auf Absatzebene
  richtig arbeiten und damit bei der Ausgabe ein neuer Absatz auch
  auf einer neuen Zeile beginnt.
- Kennzeichnung von Stellen, die nicht wie fortlaufender Text
  editiert werden dürfen. Das System muß mit Ausgabegeräten unterschiedlicher Zeilenlänge rechnen und normalerweise die Zeilen
  auffüllen (evtl. auch Leerzeichen einschieben, um einen rechts-
  bündigen Abschluß zu erzielen). Bei Aufzählungen innerhalb eines
  Absatzes muß aber der Beginn einer neuen Zeile (ohne Absatzwech-
  sel) erzwungen werden, und Tabellen verlangen eine besondere
  Editierung, die in Dokumentationssystemen bislang nirgends durchgeführt wird.
- Verarbeitung von Zusammensetzungen mit Ergänzungsbindestrich. Bei
  Zusammenführungen (Beispiel: Land- und Forstwirtschaft) müssen die

ausgelassenen Bestandteile ergänzt werden (soweit als möglich automatisch [8]). Damit der Benutzer im Beispiel mit "Landwirtschaft" suchen kann, muß dieses Wort in der Umkehrdatei stehen mit Verweis auf die Stelle "Land-" im Text. Sofern das System nicht ausschließlich mit den Angaben aus der Umkehrdatei arbeitet, muß auch im Text hinter "Land-" der interne Vermerk "Landwirtschaft" angebracht (aber normalerweise nicht ausgegeben) werden. Solche Vermerke dürfen aber bei der Zählung von Wortpositionen im Satz nicht mitgezählt werden!

Dasselbe Codezeichen kann auch für andere Zwecke benutzt werden, z.B. zur Angabe von dokumentspezifischen Synonymen (z.B. nur hier verwandten Abkürzungen).

- Markierungen für die Druckaufbereitung, falls der Text (was generell wünschenswert ist) zugleich als Druckausgabe (Lichtsatz) verwandt werden soll.

Diese Codezeichen setzen an bestimmten Ablaufpunkten (z.B. bei der Ausgabe-Aufbereitung) eine besondere Bearbeitung in Gang und werden im Normalfall dem Benutzer nicht angezeigt. Jedoch muß auch die Möglichkeit der Anzeige bestehen, insbesondere für den Datenbankverwalter, für Programmierer zum Austesten und für den Änderungsdienst.

3   SUCHFUNKTIONEN

Die bisher genannten Datenstrukturen bewirken natürlich eine Ausweitung der angebotenen Suchfunktionen; d.h. es müssen natürlich Funktionen vorhanden sein, um auf den verschiedenen hierarchischen Ebenen des Dokuments suchen zu können, um die Verknüpfung des Dokuments suchen zu können, um die Verknüpfungen verfolgen zu können usw.

Darüberhinaus sind die folgenden Suchfunktionen nützlich:

- Beschränkung der Suche auf eine Teilmenge der Dokumente. Dies ist nicht ganz dasselbe wie eine UND-Verknüpfung, da man z.B. nur diejenigen Dokumentteile angezeigt bekommen möchte, die die eigentliche Suchfrage beantworten, und nicht die, die die Ausgangsmenge abgrenzen.

- Mehrstufiges Verfolgen von Verweisen (z.B. bis zur jüngsten oder ältesten Fassung einer Rechtsnorm).

- Gruppenbildung unter den Verknüpfungsarten. Beispielsweise unterscheiden die Juristen mehrere Dutzend Verweisungsarten, für die es eine hierarchische Gliederung gibt, und ein Benutzer kann z.B. an allen anwendenden Verweisungen interessiert sein.

- Möglicherweise ist ein "Makro-Befehl" nützlich, der es dem Benutzer (oder einer Installation) erlaubt, häufig wiederkehrende Bestandteile eines Befehls (oder ganze Befehle oder Befehlsfolgen) durch eine Abkürzung aufzurufen.

Um die speziellen Bedürfnisse einer Installation befriedigen zu können, ist es ratsam, das Programmsystem schichtenweise aufzubauen [1] . In einer Schicht unterhalb der Benutzerebene sollten alle logischen Funktionen verfügbar sein ("infologische Ebene") in Anlehnung an [10,11]);

auf dieser Ebene spielt Benutzerfreundlichkeit keine große Rolle. Die Benutzersprache wird in die Sprache dieser Ebene übersetzt (durch Compiler oder Interpreter); zugleich ist die infologische Ebene dem programmierenden Benutzer zugänglich (z.B. für Spezialuntersuchungen).

Zur Benutzersprache selbst sei auf Versuche zur Vereinheitlichung verwiesen [9] , ferner auf eine Untersuchung über Entwurfskriterien [7] .

LITERATUR

[1] BARTHEL, T., GEBHARDT, F., STELLMACHER, I.: Datenstrukturen und Abfragesprachen für Dokumentationssysteme. In: Praxis der Realisierung von Informationssystemen. (Hanser 1976).

[2] BERGER, A.: Die Erschließung von Verweisungen bei der Gesetzesdokumentation. (Pullach: Dokumentation 1971).

[3] GEBHARDT, F.: Codierung der Texte und formalen Angaben für ein computergestütztes Dokumentationssystem. (Pullach: Dokumentation 1973).

[4] GEBHARDT, F. (Hrsg.): Beiträge zur Methodik juristischer Informationssysteme. Beiheft Nr. 5 zur DVR (Berlin: Schweitzer 1975).

[5] GEBHARDT, F.: Dokumentation juristischer Verweisungen. In: GEBHARDT, F. (Hrsg.): Beiträge zur Methodik juristischer Informationssysteme. Beiheft Nr. 5 zur DVR (Berlin: Schweitzer 1975, 157 - 177).

[6] GEBHARDT, F., LOCKEMANN, P.C., POETSCH, J.: Möglichkeiten der Suche und Anzeige von Normen und ihren Gliederungseinheiten in Dokumentationssystemen. In: GEBHARDT, F. (Hrsg.): Beiträge zur Methodik juristischer Informationssysteme. Beiheft Nr. 5 zur DVR (Berlin: Schweitzer 1975, 178 - 193).

[7] GEBHARDT, F., STELLMACHER, I.: Design Criteria for Document Retrieval Languages. (GMD, St. Augustin, EU-MAJUS-13).

[8] LOOSEN, J.: Zusammenführungen. Pragmatische Lösung eines einfachen Problems bei der Arbeit mit einem Korpus juristischer Texte. In: MÜLLER, B.S. (Hrsg.): Beiträge zur Sprachverarbeitung in juristischen Dokumentationssystemen.

[9] NEGUS, A.E.: Study to Determine the Feasibility of a Standardised Command Set for Euronet. (INSPEC, London 1976).

[10] SENKO, M.E.: DIAM II and Levels of Abstraction. The Physical Device Level: A General Model for Access Methods. In: LOCKEMANN, P.C., NEUHOLD, E.J. (Hrsg.): Systems for Large Data Bases. (Amsterdam: North-Holland 1976, 79 - 94, (preprints)).

[11] SUNDGREN, B.: An Infological Approach to Data Bases. Ph.D. Thesis (University of Stockholm 1973).

D. Hölzel, S. Schewe

1   PROBLEMSTELLUNG

Für eine computerunterstützte Diagnosedokumentation gibt es zwei inte-
grale Bestandteile, die Pflege und Präsentation des Diagnoseschlüssels
bis hin zur automatischen Codierung und die Wiedergabe der gespeicherten
Informationen mit Hilfe geeigneter Auswertungsinstrumente. Drei Voraussetzungen sind im Folgenden zu beachten. Ein zentraler Diagnoseschlüssel
– ein modifizierter ICD/E wird eingesetzt. Mit diesem ist für unterschiedliche Disziplinen eine gemeinsame Basisdokumentation aufzubauen.
Der Codierungsaufwand ist dabei manuell nicht zu bewältigen.

Zur Verdeutlichung der Problemstellung kann von dem Informationsfluß
bei der Diagnosedokumentation ausgegangen werden (siehe Bild 1).

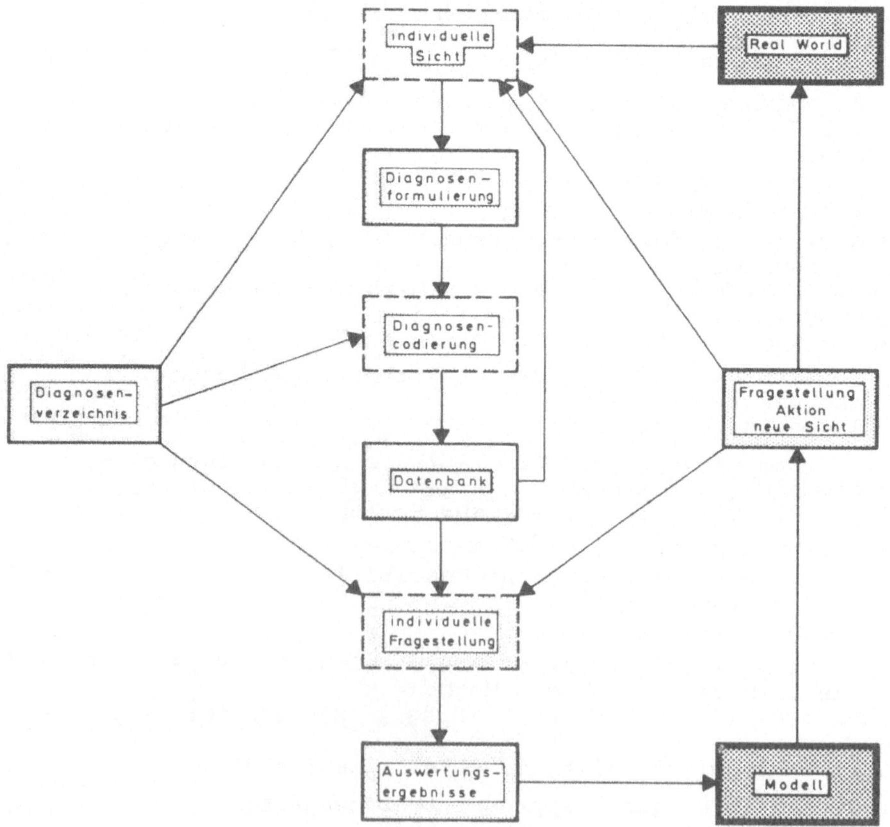

Bild 1: Aspekte der Diagnosedokumentation

Diagnoseformulierungen beschreiben die 'real world'. Für sie wird im Co-
dierungsprozeß eine formale Repräsentanz gesucht, mit der möglichst red-
undanzfrei ein Abbild in einer Datenbank aufgebaut wird. Auswertungsergebnisse liefern Modellaspekte, die zu neuen Fragestellungen, zu einer
modifizierten Sicht oder zur direkten Einflußnahme führen können.

Problematisch sind die im Informationsfluß auftretenden Subjektfilter.
Bei der Diagnoseformulierung wird die Erkenntnissituation zum einen durch
lokale Gegebenheiten, z.B. durch die verfügbaren technischen Ressourcen
oder Konsiliardienste begrenzt. Zum anderen sind individuelle ärztliche
Bezugssysteme zu berücksichtigen, die etwa von der Ausbildung, der Erfahrung oder der Zielsetzung abhängig sind. Zusätzlich gehen in die
Diagnoseformulierung die Alternativen ein, komplexe Prozesse z.B. kau-
sal, prognostisch oder therapeutisch zu beschreiben [1] . Solange in
diesem Nachrichtenfluß Sender und Empfänger identisch sind - im Falle
einer arztspezifischen Dokumentation - stellen sich wenige Probleme.
Trifft dies aber nicht zu, ist eine Interpretationsvorschrift für den
Nachrichtenaustausch erforderlich, hier ein Verzeichnis möglicher Diagnoseformulierungen. Durch den damit vorgegebenen Differenzierungsgrad
werden zwar der individuellen Sicht Grenzen gesetzt, aber gleichzeitig
wird ein Kommunikationsstandard definiert, der dem Empfänger der Nach-
richten indirekt eine Interpretationshilfe liefert. Des weiteren wird
durch dieses Verzeichnis möglicher Diagnoseformulierungen eine einfache
Codierungsunterstützung realisierbar. Eine aufwendige syntaktische Analyse zur Gewinnung der semantischen Inhalte einer Aussage kann durch ein
descriptor in context-System ersetzt werden. Die Codierungsalgorithmen
definieren den Übertragungsfilter, führen zu einer Codierungsstandardi-
sierung, indem sie im Vergleich zur manuellen Codierung den Zuordnungs-
freiraum reduzieren.

Aber auch für die Konstruktion des dritten Filters, die individuelle Fra-
gestellung, ist die Verfügbarkeit des Diagnoseverzeichnisses von Bedeutung. Wie noch darzulegen ist, wird in einem ersten Schritt die Fragestel-
lung auf der Basis der potentiell formulierbaren Diagnosen definiert und
erst im zweiten Schritt die Datenbank durch diesen Filter widergespiegelt.

Nach diesen einleitenden Bemerkungen sollen drei Aspekte der Diagnosedokumentation erläutert werden:

- Diagnoseschlüssel und seine Komponenten,
- automatische Codierung,
- Datenspeicherung und Auswertungsfunktionen.

2 DER DIAGNOSESCHLÜSSEL UND SEINE KOMPONENTEN

Grundlage des Systems bildet der fünfstellige ICD/E [5] , der durch Einführung einer zweistelligen 'Synonymnummer' erweitert wurde. Damit ist die Möglichkeit gegeben, zu einem fünfstelligen Schlüssel syntaktische und semantische Varianten identifizierbar zu halten oder einzufügen. Des weiteren wurde zusätzlich die dreistellige ICD-Systematik eingearbeitet, die mit ca. 17 Obergruppen, 99 Gruppen und etwa 900 Untergruppen eine dreistufige Hierarchie erzeugt (siehe Bild 2, 3). Bisher sind etwa 11.640 fünfstellige Schlüssel vergeben, zu 4.400 sind etwa 9.060 Differenzierungen verfügbar.

```
ICD-UNTERGRUPPEN
O 39000       VII. KRANKHEITEN DES KREISLAUFSYSTEMS
G 39000       AKUTES RHEUMATISCHES FIEBER (39000-3920
              0)
U 39000       AKUTER FIEBERHAFTER GELENKRHEUMATISMUS
              OHNE HERZBETEILIGUNG
U 39100       AKUTER FIEBERHAFTER GELENKRHEUMATISMUS
              MIT HERZBETEILIGUNG
U 39200       CHOREA MINOR
G 39300       CHRONISCHE RHEUMATISCHE HERZKRANKHEITEN
              (39300-39800)
U 39300       CHRONISCHE RHEUMATISCHE HERZKRANKHEITEN
U 39400       CHRONISCHE RHEUMATISCHE KRANKHEITEN DER
              MITRALKLAPPEN
U 39500       CHRONISCHE RHEUMATISCHE KRANKHEITEN DER
              AORTENKLAPPEN
```

Bild 2: Auszug aus der dreistufigen ICD-Struktur. O Obergruppen,
        G Gruppen, U Untergruppen

```
G 39300       CHRONISCHE RHEUMATISCHE HERZKRANKHEITEN
              (39300-39800)
U 39300       CHRONISCHE RHEUMATISCHE HERZKRANKHEITEN
  39311     4 PANKARDITIS CHRONISCH RHEUMATISCHE
  39321-00  3 PERICARDITIS RHEUMATICA CHRONICA
  39321-01  3 PERIKARDITIS CHRONISCH RHEUMATISCHE
  39321-02  4 HERZBEUTEL ENTZUENDUNG CHRONISCH RHEUMAT
              ISCHE
  39323-00  3 PERIKARD VERWACHSUNG RHEUMATISCH
  39323-01  3 HERZBEUTEL VERWACHSUNG RHEUMATISCH
  39331     4 MEDIASTINO PERIKARDITIS CHRONISCH RHEUMA
              TISCHE
U 39400       CHRONISCHE RHEUMATISCHE KRANKHEITEN DER
              MITRALKLAPPEN
  39411-00  4 MITRALKLAPPE FEHLER RHEUMATISCHER
```

Bild 3: Auszug aus dem modifizierten ICD/E.
        Diagnoseschlüssel mit ICD-Struktur (siehe Bild 2), fünfstelliger
        Code, zweistellige Synonymnummer (Ziffer vor dem Text, 'pseudo-
        semantische Information' = Anzahl der invertierten Deskriptoren)

Nach Trennung von Mehrwortbegriffen - die jederzeit dynamisch modifizier-
bar ist - wurde aus den Diagnoseformulierungen ein Thesaurus von ca. 5.100
Wortstämmen aufgebaut. Jeder Wortstamm ist durch ein Sonderzeichen begrenzt, so daß sich eine datentechnisch nützliche Abweichung von der lexikographischen Anordnung ergibt (Fibrom < Fibro) (siehe Bild 4). Mit diesen Wortstämmen sind ca. 58.400 Verweise auf die Diagnoseschlüssel gespeichert (siehe Bild 5). Für die programmtechnische Auslegung der Verknüpfung diagnostischer Begriffe ist die Anzahl der Begriffe je Diagnose
entscheidend (siehe Tab. 1). Auf ca. 94% aller Diagnosen verweisen maximal 4 Begriffe.

```
DIAGNOSEBEGRIFFE:
FETTSUCHT          (011)  S037
FETT               (039)  S181
FET                (011)  S024
FEUCHTE            (005)  S303
FEUERMAL           (001)
FEUERSTEIN         (001)
FEYRTER            (001)
FIBRIN             (017)
FIBROM             (041)
FIBRO              (087)
FIBULA             (013)  S302


     SYNONYME ZU: FIBULA                    (013)  S302
FIBULA             (013)
WADENBEIN          (006)
```

Bild 4: Auszug aus dem Begriffsverzeichnis mit Anzahl der Auftretens-
        häufigkeit (x) und Hinweise auf Synonymbrücken S x, Beispiel
        für eine Synonymbrücke

```
BEGRIFF: FEYRTER                 (001)
   21131         MAGEN EOSINOPHILES GRANULOM FEYRTER GUT
                 ARTIG
BEGRIFF: FIBRIN                  (017)
   36319         IRITIS FIBRINOSA
   43015-01      PERICARDITIS SERO FIBRINOSA
   43017-00      PERICARDITIS FIBRINOSA
   43017-01      PERIKARDITIS FIBRINOESE
   46425         LARYNGITIS AKUTE FIBRINOESE
   46619         BRONCHITIS FIBRINOESE AKUTE
   48122         PNEUMONIE FIBRINOESE
   50225         RHINITIS FIBRINOESE
   51133         PLEURITIS FIBRINOSA
   53021-05     *OESOPHAGITIS FIBRINOES
   53112-02     *ULCUS VENTRICULI FIBRINOES CHRONISCH
```

Bild 5: Beispiel zur Aufschlüsselung der Invertierungshinweise zu zwei
        Begriffen, * als Hinweis auf Schlüsselerweiterung

Tab. 1: Anzahl der Begriffe je Diagnose

Begriffe je Diagnose	Relative Häufigkeit der Diagnosen in %
1	4.5
2	39.1
3	34.7
4	15.3
5	4.9
>5	1.5

```
PØØ1   SCHILDDRUESE            (188)
PØØ2   DIABETES                (Ø87)
PØØ3   HYPERTONIE              (Ø65)
PØØ4   PNEUMONIE               (155)
PØØ5   CORON HERZKRANKH        (1Ø1)
PØØ6   ADIPOSITAS              (Ø27)
PØØ7   NIERE HARN INFEK        (1Ø3)
PØØ8   HERZINFARKT             (Ø59)
PØØ9   HYPERURIKAEMIE          (Ø25)
PØ1Ø   GALLENERKRANKUNG        (185)
PØ12   RHYTHMUSSTOERUNG        (138)
PØ13   HERZVITIUM              (3Ø6)
PØ14   FETTSTOFFWECHSEL        (Ø13)
PØ15   ALKOHOL                 (Ø41)
PØ16   NEPHROLITHIASIS         (Ø32)
PØ17   VIRUSINFEKTION          (272)
```

Bild 6: Beispiel zu den ersten vorformulierten Problemdefinitionen
mit Angabe der subsummierten Schlüsselzahl

```
PØØ3  HYPERTONIE              (Ø65) ØØØ
   22666        PAROXYSMALE HOCHDRUCK KRISEN AUSSER PHA
                EOCHROMO ZYTOM
   3Ø5Ø8        *HYPERTONIE PSYCHOGENE KARDIO VASKULAERE
   37728-ØØ     RETINA FUNDUS HYPERTONICUS
   37728-Ø1     AUGEN HINTERGRUNDS VERAENDERUNGEN BEI B
                LUT HOCHDRUCK
   37728-Ø2     *FUNDUS HYPERTONICUS
   37729        RETINO PATHIA HYPERTONICA STADIUM I UND
                II
   3773Ø-ØØ     RETINO PATHIA HYPERTONICA STADIUM III U
                ND IV
   4ØØ11-ØØ     BLUT DRUCK STEIGERUNG BOESARTIGE
   4ØØ11-Ø1     BLUT HOCHDRUCK BOESARTIGER
   4ØØ11-Ø2     HYPERTONIE MALIGNE
   4ØØ11-Ø3     HOCHDRUCK BOESARTIGER
   4ØØ11-Ø4     HYPERTENSION BOESARTIGE
```

Bild 7: Auflistung der ersten Diagnosen einer Problemdefinition

Vier weitere Strukturkomponenten wurden eingeführt. Semantische Äquivalenzen können durch Synonymbrücken definiert werden. Des weiteren sind unabhängig von der Schlüssellogik und der Verteilung Diagnosen zu Problemdefinitionen zusammenzufassen (siehe Bild 6, 7). In einer speziellen dritten Komponente ist die dreistufige ICD-Struktur für Transformationen und Informationen festgehalten. Eine vierte Komponente stellt in der Schlüsselsortierfolge mit jedem Schlüssel die Anzahl der in der Formulierung auftretenden relevanten Begriffe zur Verfügung. Diese 'pseudosemantische Information' dient der Zugriffsminimierung und der Gütebeurteilung bei der automatischen Codierung.

Zu ergänzen ist, daß mit dem Diagnosecode neben dem Text Informationen über die Codierbarkeit - Ausschluß der ICD-Struktur und eine Sperrinformation - , das Generierungsdatum, die pseudosemantische Information und z.Zt. für 16 verschiedene Disziplinen ein grober vierstufiger Verwendungshinweis verfügbar sind.

Die skizzierten Schlüsselkomponenten erfordern komplexe Update-Routinen. Vielseitige Präsentationsfunktionen sind möglich [2] (siehe Bild 2 - 7). Über die klinikspezifische Verwendungshäufigkeit - die durch Rückkopplung einer Jahresauswertung gewonnen oder zu Beginn einer Basisdokumentation definiert wird - lassen sich z.B. gezielt handhabbare Diagnoseverzeichnisse erstellen, ein Beitrag zur eingangs erwähnten Standardisierung der individuellen Sicht. Diese Kommunikationsunterstützung wird auch von den einzelnen Kliniken erwartet, und zwar nicht erst nach Widerspiegelung der gängigen Formulierungsanarchie. Als weitere Präsentationsfunktion sei die interaktive Verschlüsselungsunterstützung erwähnt. Zu maximal 4 Begriffen (siehe Tab. 1) werden alle die Diagnosen in Listen zusammengestellt, die wenigstens zwei der eingegebenen Begriffe aufzeigen (siehe Bild 8). Eine Unterstützung für die manuelle Verschlüsselung oder für die Einordnung neuer Schlüssel ist damit gegeben. Dieser Modus setzt allerdings die Berücksichtigung der im Begriffsthesaurus vorgegebenen Segmentierung voraus.

3   <u>AUTOMATISCHE CODIERUNG</u>

Zusätzlich wurde ein 'Klartextanalysator' entwickelt, der auch die Segmentierung und die Codierung durchführt. Da keine syntaktischen Informationen mit den Begriffen verfügbar sind, können nur sehr einfache Regeln bei der Analyse angewendet werden [6] . Bisher werden folgende berücksichtigt:

```
DIAGNOSEVERSCHLUESSELUNG
E:CHRONISCHE PANKREATITS PRIMAERE
BEGRIFF: CHRON              (470)
BEGRIFF: PANKRE             (088) S060
BEGRIFF: PRIMAER            (099)
ES GIBT 011 DIAGNOSEN, AUF DIE WENIGSTENS
2 BEGRIFFE VERWEISEN 000
3  57733-01? PANKREATITIS PRIMAER CHRONISCHE
2  57733-00  PANKREATITIS CHRONISCHE
   57733-02  PANKREATITIS CHRONISCH REZIDIVIERENDE
   57733-05  *PANKREATITIS ALKOHOLISCHE CHRONISCH REZ
             IDIVIEREND
   57733-06  *PANKREATITIS CHRONISCH ALKOHOLISCH
   57738-04  *PANKREAS INSUFFIZIENZ CHRONISCH
   57739-01  PANKREATITIS CHRONISCH CALCIFICIERENDE
   71231-00  ARTHRITIS PRIMAER CHRONISCH
   71231-02  POLY ARTHRITIS PRIMAER CHRONISCHE
```

<u>Bild 8</u>: Beispiel für eine Begriffsverknüpfung zur Codierungsunter-
stützung.
E: Eingabestring, gefundene Begriffe: 11 Diagnosen, in denen
mindestens zwei der eingegebenen Begriffe auftraten, 9 davon
sind wiedergegeben. 3: einzige 3-Kombination, ? Zuordnungsempfehlung, 2: 2-Kombinationen, *: Neueinfügung

- Ersetzung aller Sonderzeichen durch Blank,

- Begriffsausschluß durch Vergleich mit Negativliste,

- ein Wort muß mit einem bekannten Segment beginnen,

- Vergleich mit Liste von Morphemen, die nur als Präfix erlaubt sind,

- principle of longest match,

- K-Z-Filter.

Nach der Analyse wird aus den ersten vier gefundenen Segmenten (siehe
Tab. 1) unter Berücksichtigung der Synonymdefinitionen, vergleichbar zum
Dialogmodus eine Liste aller Diagnosen zusammengestellt, die wenigstens
zwei Begriffe enthalten. Aus der Begriffsverknüpfung ist zum einen die
Anzahl der Verweise auf die verschiedenen Schlüssel bekannt, aus der erwähnten pseudosemantischen Information die Anzahl der maximal möglichen.
Ohne weiteren Zugriff auf die Formulierung selbst kann damit eine Zuordnungsempfehlung abgeleitet werden. Mit diesem Codierungsvorschlag wird
ein zweistelliges Gütekriterium generiert, dessen erster Teil zehnstufig
den Zuordnungstyp beschreibt. Folgende Typen sind bisher abgedeckt:

0: Eindeutig (Anzahl der Begriffe stimmt überein).

1: Nur differenzierte Formulierung vorhanden (hyponym, gefundene Formulierung enthält n + 1 Begriffe, n sind angefordert).

2: Nur eine weniger differenzierte Formulierung vorhanden (hypernym,
n Begriffe angefordert, Formulierung enthält nur n - 1 Begriffe).

3: Formulierung enthält gleichviele Begriffe, n - 1 sind nur bekannt (Zuordnungstyp 2 war nicht möglich).

4: Mehr als 4 Begriffe wurden getrennt; der Codierungsvorschlag ist zu prüfen.

5: Zu n > 3 eingegebenen Begriffen wurde nur eine 2-Kombination gefunden.

6: Die Eingabebegriffe wurden akzeptiert, aber keine Kombination von 2 oder mehr Begriffen war vorhanden.

7: Vorsicht, ein Wort konnte bei der Analyse nicht erkannt werden.

8: Die Segmentierung ist zweifelhaft.

9: Die Eingabe war unverständlich.

Dieses formale Vorgehen gestattet nicht, eine durch die Begriffsposition oder durch Funktionswörter gegebene Semantik zu erkennen. Ein möglicher Hinweis auf semantische Unterschiede könnte die 2. Position des Gütekriteriums liefern, mit der angezeigt wird, aus wieviel gleichberechtigten Alternativen die Zuordnungsempfehlung abgeleitet wurde (siehe Bild 9).

Die Güte dieser automatischen Codierung kann entsprechend dem Vorgehen nur an einer Stichprobe der verfügbaren 20.700 gemessen werden. Dabei traten ca. 1% Segmentierungsfehler auf, entsprechend der Begriffsverteilung wurden ca. 6% größtenteils korrekte Empfehlungen gegeben, 93% der Formulierungen wurden richtig codiert. Eine Codierung benötigt ca. 0.3 CPU-Sec.

Aus der Routine entstammende Diagnoseformulierungen konnten mit etwa 65% korrekt codiert werden. Dabei wurden von den Ärzten bisher keine Diagnoseverzeichnisse bei der Formulierung verwendet. Neue Formulierungen, Abkürzungen, Mehrfachbeobachtungen je Formulierung und orthographische Fehler erklären im wesentlichen die restlichen 35%. Hier ist durch eine stärkere Identifizierung mit der Zielsetzung einer Basisdokumentation langfristig eine Änderung zu erwarten.

4   DATENSPEICHERUNG UND AUSWERTUNGSFUNKTIONEN

Die Speicherung der Diagnosen bereitet technisch kein Problem [3] . Notwendig ist eine patientenorientierte Speicherung im Querschnitt oder im zeitlichen Verlauf. Für letzeren kann aus den zum Entlassungszeitpunkt mehrfach auftretenden Diagnoseschlüsseln künstlich ein Verlauf erzeugt werden, der sich bei maximal 6 Diagnosen mit einem tatsächlichen Verlauf - d.h. wiederholten stationären Aufnahmen - gut vereinbaren läßt. Problematisch ist dabei langfristig die Redundanz der Diagnoseschlüssel in zweifacher Hinsicht. Zwar läßt sich der verwendete Diagnosecode mit 32

E: GALLENBLASENENTFERNUNG
BEGRIFF: GALL   (067) S175
BEGRIFF: ZYST   (162) S002
BEGRIFF: RESEKTION   (064) S174
CODE:01
   57625   3 CHOLE ZYST EKTOMIE

E: HAEMORRHOIDALLEIDEN
BEGRIFF: HAEMORRHOID   (012)
BEGRIFF: PATH   (167) S394
CODE:01
   45512-00 2 HAEMORRHOIDAL LEIDEN

E: LYMPHKNOTENTYPHUS
BEGRIFF: LYMPHKNOTEN   (047)
BEGRIFF: TYPH   (023)
CODE:11
   00117   3 LYMPHKNOTEN TYPHUS ABDOMINALIS

E: ACUTE TBZ
BEGRIFF: AKUT   (450) S257
BEGRIFF: TBC   (256) S008
CODE:14
   01123   3 LUNGE TBC AKUTE

E: NIERENAKTINOMYKOSE
BEGRIFF: NIERE   (228) S076
BEGRIFF: AKTIN   (008) S496
BEGRIFF: PILZ   (023) S141
CODE:21
   11311-00 2 AKTINO MYKOSE

E: EXSUDATIVE PROLIFERATIVE GLOMERULONEPHRITIS
BEGRIFF: ERGUSS   (021) S034
BEGRIFF: PROLIFER   (007)
BEGRIFF: GLOMERUL   (028)
BEGRIFF: NEPHRIT   (100)
CODE:33
   58212-03 4 GLOMERULO NEPHRITIS CHRONISCH PROLIFERI
            EREND

E: KINDERLAEHMUNGATONISCHFOERSTERASTATISCHE
BEGRIFF: KIND   (070) S214
BEGRIFF: LAEHMUNG   (091) S385
BEGRIFF: ATONI   (011)
BEGRIFF: FOERSTER   (002)
CODE:41
   34341-00 5 KINDER LAEHMUNG ATONISCH ASTATISCHE FOE
            RSTER

E: TBC LUMBAL ABZES
BEGRIFF: TBC   (256) S008
BEGRIFF: LENDE   (037) S183
CODE:71
   01527   3 LUMBAL ABSZESS TUBERKULOESER

Bild 9: Beispiele zur automatischen Codierung.
        E: Eingabestring, z.T. wurden die Wortseparatoren weggelassen,
        Begriff: die ersten 4 getrennten Segmente mit Hinweisen auf Auf-
        tretenshäufigkeit und Synonymbrücke, Code: 2-stelliges Gütekri-
        terium (siehe Text), Codierungsempfehlung (Gütekriterium und
        Schlüssel werden in die Datei eingetragen

Bit abbilden. Aber nach bisheriger Erfahrung decken allein 10 verschiedene Diagnoseschlüssel ca. 20% der zu dokumentierenden ab. Sollte hierfür ein spezieller Pointer für die häufigsten Krankheiten eingeführt werden? Der 2. Aspekt betrifft die Dokumentation derselben Diagnosen bei wiederholtem stationärem Aufenthalt, was für chronische Krankheiten wieder zur Redundanz führt. Bei hinreichender Integration der Datenverarbeitung in die Routine kann dieses Problem unbedeutend werden.

Für die Auswertung ist charakteristisch, daß eine Basisdokumentation von verschiedenen Benutzern mit unterschiedlichen Fragestellungen, mit individuellem Bezugssystem und Klassifikationen genutzt werden kann. Auf der einen Seite stehen Fragestellungen vom gezielten Fallretrieval für Krankheitsepisoden oder für Verlaufsmuster bis zur Aufbereitung globaler Übersichten zu den dokumentierten Diagnosen. Diese sind mit einem genügend differenzierten und strukturierten Schlüssel leicht zu beantworten. Auf der anderen Seite sind spezielle, sicherlich schlüsselunabhängige Klassifikationen erforderlich, die etwa von Liegezeiten, von Behandlungskosten, von der geographischen Verteilung oder von Umwelteinflüssen abhängig sind. Dabei müssen jeweils verschiedene Aggregationsebenen zugelassen werden. Des weiteren müssen Beobachtungseinheiten frei definierbar sein, etwa der Patient oder der einzelne stationäre Aufenthalt. Dies sind Anforderungen an die Datenhaltung, an die Datenmanipulation und an die Verwaltung der Auswertungsergebnisse und der benötigten Eingabeparameter. Die letzten beiden Gesichtspunkte werden zunehmend im Zusammenhang mit Modellbanken diskutiert.

Bei den Auswertungsfunktionen für den ICD/E können 2 Gruppen unterschieden werden. In der einen Gruppe kann - gegebenenfalls nach Abbildungen auf die ICD-Struktur - die eindimensionale Logik des Schlüssels genutzt werden. Fünf Schlüsselebenen stehen damit für Suchanfragen zur Verfügung. Das Aggregationsniveau kann beliebig gewählt werden, z.B. für Bereichsvergleiche oder für Suchfragen nach synonymen Schlüsseln oder nach Diagnosegruppen. Mit der zweiten Gruppe degeneriert der Schlüssel zu einem Identifikationsschlüssel. Die dargelegten Schlüsselkomponenten erlauben drei zusätzliche, von der Schlüssellogik unabhängige Auswertungsfunktionen. Über Begriffe, Begriffsverknüpfungen oder Problemdefinitionen - zum Teil dynamisch generierbar und jeweils im Klartext initiiert - werden Schlüssellisten als multiple Operanden erzeugt.

Für diese 'Klartextmodi' wird zuerst der Schlüssel unabhängig von der fallorientierten Dokumentation ausgewertet bzw. auf vorbereitete Strukturen zurückgegriffen. Die Definition für die Klartextformulierung - z.B.

Hochdruck oder Niereninsuffizienz - wird zusammengestellt und dient dann im Sinne von Bild 1 als Filter für die individuelle Auswertung.

Hiermit lassen sich beliebige logische Anfragen formulieren und Untergruppen definieren, die einer konkreten, wenn auch komplexen Bedingung genügen. Ein anderer Anforderungstyp ist, zu definierten Untergruppen einen Überblick zu den in den Nominaldaten codierten Eigenschaften zu geben. Hier hat sich gezeigt, daß diese Forderung durch die gleichen Methoden abgedeckt werden kann, mit denen die Klartextfragen für den Diagnoseschlüssel realisiert wurden. Die Operandenlisten müssen hierfür nur aus den tatsächlich dokumentierten Diagnosen aufgebaut werden, wiederum auf der Basis von Mengendefinitionen. Dabei ist nun entscheidend, daß diese Ergebnisse entsprechend den Anforderungen an eine Modellbank vom Auswertungssystem verwaltet werden und gleichberechtigt zu den Klartextfragen als zusätzlicher Modus in weiteren Auswertungen verwendbar sind (siehe Bild 10).

Für vielstufige Nominaldaten (Postleitzahlen, Diagnoseschlüssel) können dann diesen Listen Hinweise auf Verteilungsunterschiede in verschiedenen Untergruppen entnommen werden. Syntropien, Dystropien, auch bei zeitlichen Verschiebungen kann nachgegangen werden. Im Prinzip werden mit diesen Listen Pattern erzeugt, in denen mehrfache Auszählungen oder Relationen dem interaktiven Benutzer angeboten werden. Die Pattern-Recognition-Fähigkeit des Benutzers wird zum integralen Bestandteil des Mensch-Maschine-Dialogs, eine mögliche Definition interaktiver Verarbeitung.

Diese skizzierten Lösungsansätze sind z.B. für die Untersuchung der Multimorbidität, für ökologische oder ökonomische Fragestellungen verwendbar. Sie führen sehr schnell weg von der gesamten Schlüsselproblematik und verwandeln sich in Anforderungen an das Auswertungssystem.

Diese Gewichtsverschiebung wird verdeutlicht, wenn für die Bearbeitung der Fragestellungen der zeitliche Verlauf zu berücksichtigen ist. Schon nach zweijähriger Basisdokumentation waren für ca. 15% der Patienten mehr als 10 Diagnosen bzw. mehrere stationäre Aufenthalte registriert. Die aufgezeigten Möglichkeiten gelten auch für die Beurteilung dieser Ereignisketten und erlauben Fragestellungen wie: Suche alle Fälle, männlich, Alter größer 40 Jahre, für die zuerst Diabetes und frühestens zwei Jahre später ein Hinweis auf eine Herzkrankheit dokumentiert wurde. Zusätzlich zur Problemdefinition sind dabei die zeitlichen Bedingungen zu berücksichtigen. Auch für derartige gezielte Fragestellungen läßt sich ein Pattern, ein Ereignis-Zeit-Muster erzeugen, in dem etwa für die de-

```
1-9946   ANFORDERUNG: T<2J-20-L18;
DIFFERENZ ZW.LISTE PA/P  (% BZGL.ANZ.D.FAELLE)
000 25011-00 DIABETES MELLITUS                      11.71%
001 41259-03 HERZ KRANKHEIT KORONARE                 7.34%
002 40111-02 HYPERTONIE                              6.50%
003 43863-00 HERZ INSUFFIZIENZ                       6.38%
004 25001-00 DIABETES MELLITUS ASYMPTOMATISC         2.72%
005 24231-00 HYPERTHYREOSE                           2.50%
006 27919-03 HYPERLIPID AEMIE TYP II                 2.31%
007 45011-00 LUNGE EMBOLIE                           2.30%
008 40113-13 HYPERTONIE ESSENTIELLE                  2.28%
009 58210-00 NIEREN INSUFFIZIENZ                     2.02%
010 43701-00 SCHRITTMACHER IMPLANTATION              1.99%
011 41011-00 HERZ INFARKT                            1.60%
012 49131-01 EMPHYSEM BRONCHITIS                     1.53%
013 60027-00 PROSTATA ADENOM                         1.51%
L:PA/001321 F/002045 H;       L:P /000691 F/000536 H;


1-9946   ANFORDERUNG: T<2J-20-L18;
DIFFERENZ ZW.LISTE PA/P  (% BZGL.ANZ.D.FAELLE)
218 57121-03 ALKOHOLISCHE FETT LEBER                 -.35%
219 32913-05 HYPOPHYSEN OPERATION TRANS SPHE         -.35%
220 70432-00 HYPER TRICHOSE                          -.43%
221 57389-00 PFORTADER CAVERNOM                      -.43%
222 43502-00 KARDIO MYOPATHIE OBSTRUCTIVE            -.43%
223 53311-01 ULCUS DUODENI                           -.53%
224 57733-02 PANKREATITIS CHRONISCH REZIDIVI         -.56%
225 24013-06 BLANDE STRUMA DIFFUSA                   -.57%
226 27731-04 ADIPOSITAS ALIMENTAERE                  -.64%
227 57121-00 FETT LEBER                              -.69%
228 58212-00 GLOMERULO NEPHRITIS CHRONISCHE          -.71%
229 25306-00 SEKUNDAERE NEBENNIEREN RINDEN I         -.72%
230 59031-00 PYELO NEPHRITIS                        -1.25%
231 24013-00 STRUMA DIFFUSA                         -1.73%
L:PA/001321 F/002045 H;       L:P /000691 F/000536 H;
```

Bild 10: Beispiel für eine multiple Operandenliste mit 232 verschiedenen Diagnoseschlüsseln, deren Auftretenshäufigkeit für 2
Untergruppen (Patienten <40 (691 Fälle) und >39 (1.321 Fälle))
ermittelt wurde; aufbereitet wurde die Differenz der rela-
tiven Häufigkeiten

finierte Untergruppe die Verteilung der Zeiten zusammengestellt wird,
zu denen Herzkrankheiten nach der dokumentierten Manifestation von Diabetes auftraten. Auch für die Auflösung dieser Ereignis-Zeit-Strukturen
sind unterschiedliche Schlüsselaggregationsebenen sinnvoll, was wieder
aufwendige Manipulationen für Verlaufsdaten notwendig macht.

Soweit einige Lösungsansätze. Wesentliche Probleme, die es zu bearbeiten
gilt, liegen im Datenbankbereich, bei den Methoden und in der Verwaltung
der Modelle sowie in der Integration dieser drei Bereiche. Es wurde aufgezeigt, daß verschiedene Benutzer individuelle Klassifikationen oder
Filter konstruieren. Diese dürfen nicht nur temporär aufzubauen sein.

Eine permanente Speicherung und damit eine Verwaltung ist erforderlich,
damit die Benutzer bequem ihre Sicht als Modell aufrufen können. Die
Fixierung von häufig geforderten Auswertungsergebnissen, z.B. die Änderungen gegenüber zurückliegenden Jahren, gehören ebenso in diesen Pro-
blembereich.

Des weiteren ist zu erwähnen, daß in den Darlegungen stets von der
Gleichwertigkeit der zu einem Zeitabschnitt dokumentierten Diagnosen
ausgegangen wurde. Hier erscheint es notwendig, abhängig von der Frage-
stellung wieder Rangordnungen einzuführen, etwa zur Fixierung von Haupt-
und Nebendiagnosen, zur Trennung von Langzeit- und Kurzzeitproblemen,
zur Kennzeichnung der einem einzelnen Benutzer bekannten Zusammenhänge,
um sich gegebenenfalls in der Auswertung auf Unbekanntes konzentrieren
zu können. Indexbildung und Risikodefinition gehören zu diesem Bereich.

Die Anforderung an flexible Datenmanipulation wurde schon angesprochen.
Probleme bereitet die Integration der verschiedenen Datenbearbeitungs-
ebenen, z.B. von datenbank- und auswertungstechnischen Methoden. Logi-
sche Anfragen, insbesondere für Verlaufsdaten bei ereignisorientierter
Dokumentation, sind nicht hinreichend durch eine binäre Logik abgedeckt.
Vom Datenbanksystem darf nicht nur die Anzahl der - einer komplexen Bedingung genügenden - Fälle übergeben werden. Eine Aufschlüsselung der
Komplementärmenge, z.B. nach fehlenden Werten, dem Ausscheiden beim n-ten
Gruppenbildungsprozeß kann wesentliche Informationen liefern und muß
übergeben, verwaltet und aufbereitet werden. Dies erschwert die Interpretation. Diese skizzierten Anforderungen an die Auswertung werden sich
in der Abfragesprache [4] widerspiegeln. Diese kann zwar benutzerfreund-
lich gestaltet werden, aber Einfachheit und Leistungsfähigkeit bleiben
konträre Zielsetzungen.

Die Probleme sind zum Teil bearbeitet, zum Teil beschreiben sie Entwick-
lungsziele. Sie reflektieren den Versuch, mit Basisdokumentationen eine
Kommunikationsbasis aufzubauen, den polypragmatischen Anforderungen Rech-
nung zu tragen, die Datensammlungen einer intensiveren Nutzung näher zu
bringen.

5   ABSCHLIESSENDE BEMERKUNG

Es wurden Ansätze für eine maschinelle Unterstützung der Diagnosedokumentation aufgezeigt. Die Betonung lag auf einer integralen Sicht der
Probleme. Ansätze für eine Standardisierung der Formulierungen sind bei

der Strukturierung der Schlüsselkomponenten zu berücksichtigen, erleichtern die automatische Codierung und sind gleichzeitig für individuelle Auswertungen von Bedeutung.

Mit einer automatischen Codierung konnten trotz syntaxfreier Analyse gute Ergebnisse erzielt werden. Mit einer Verschlüsselungsrate von ca. 93% für 20.700 erlaubte Formulierungen (ohne Synonyma), mit 0.3 CPU-sec je Diagnose und einem detaillierten Gütekriterium ist eine Reduzierung des manuellen Codierungsaufwandes bei gleichzeitiger Standardisierung der Codierung zu erreichen.

Für die Auswertung wurden Funktionen entwickelt, die praktisch im Klartext zu initiieren sind. Für diese Funktionen degeneriert der verwendete Diagnoseschlüssel zu einem reinen Identifikationsschlüssel. Zum einen konnten damit Nachteile des Schlüssels kompensiert werden, zum anderen sind diese Funktionen für individuelle Klassifikationen für jeden Schlüssel erforderlich. Für die Wiedergabe einer Basisdokumentation ist die Aufbereitung der Information auf verschiedenen Aggregationsebenen in Form von Pattern erforderlich, in denen für den menschlichen Erkenntnisprozeß eine Menge von Einzelinformationen codiert ist. Die dringlichsten Probleme liegen weniger im Bereich des Diagnoseschlüssels und der automatischen Codierung, mehr im datenbanktechnischen und methodischen Bereich.

LITERATUR

[1] HARTMANN, F.: Definition von Krankheitseinheiten.
In: LANGE, H.J., WAGNER, G. (Hrsg.): Computerunterstützte ärztliche Diagnostik. (Stuttgart: Schattauer 1973).

[2] HÖLZEL, D., KARRER, R.: Ein Programmsystem zur Unterstützung der Verschlüsselung von Diagnosen (VERDI).
(Technischer Bericht Nr. 4 des ISB, München 1976).

[3] HÖLZEL, D., KARRER, R.: Medizinisches Informationssystem zur Diagnostikunterstützung (MINDIUS).
(Technischer Bericht Nr. 5 des ISB, München 1976).

[4] HÖLZEL, D.: Auftragsformulierung und Auftragsabwicklung in einem auswertungsorientierten Datenbanksystem unter Berücksichtigung zeitlicher Verläufe.
In: SELBMANN, H.K., ÜBERLA, K., GREILLER, R. (Hrsg.): Alternativen medizinischer Datenverarbeitung, Bd. 2. (Berlin: Springer 1976).

[5] IMMICH, H.: Klinischer Diagnoseschlüssel.
(Stuttgart: Schattauer 1966).

[6] WINGERT, F.: Medical Language Data Processing.
In: REICHERTZ, P.L., GOOS, G. (Hrsg.): Informatics and Medicine Bd. 3. (Berlin: Springer 1977).

<u>VERSCHLÜSSELUNG VON BASISDATEN AUS DER UROLOGIE</u>

<u>UNTER EINSATZ DER KLARTEXTANALYSE</u>

R. Thurmayr, D. Ohngemach, M. Suppan

1   <u>ERFASSUNG DER KLARTEXTE</u>

Für die Urologische Klinik und Poliklinik des Klinikums rechts der Isar
der TU München versuchen wir eine wenig personalintensive Basisdokumentation unter Einsatz der Klartextanalyse aufzubauen. Da der Arztbrief auf-
grund eines Texthandbuches auf einem Schreibautomaten geschrieben wird
und damit auf Vollständigkeit der Daten geachtet wird, ist der Arztbrief
Ausgangspunkt der Basisdokumentation. Wir erhalten dazu ein Duplikat des
Arztbriefes zur Extraktion der Basisdaten. Die Klartexte für Angaben zur
Person, Diagnosen, Risikodiagnosen, -medikamente, Operationen, Eingriffe,
Histologieergebnisse und postoperative Komplikationen werden in diesen
Briefen unterstrichen und mit einem Codebuchstaben für die Anzeige der
Datenart, z.B. K für Diagnosen, bezeichnet (siehe Bild 1).

Gleichzeitig werden die Klartexte in Phrasen zerlegt, so daß eine Phrase
nur einer Schlüsselnummer entspricht, z.B. wird "metastasierendes Prostatakarzinom" in die beiden Phrasen "Prostatakarzinom" und "Metastasen"
zerlegt. Phrasen, die aus mehr als einem Wort bestehen, werden so umgestellt, daß das Substantiv vorangeht und die Adjektive folgen. Substantive werden in den Nominativ gebracht und Adjektive in die Adverbialform.
Diese Abänderungen können mit ein paar Bleistiftstrichen rasch vorgenom-
men werden und erleichtern die spätere Klartextanalyse wesentlich.

Die Phrasen werden zugleich durch Folgenummern innerhalb der Datenarten
(Diagnosen, Operationen usw.) nach der Reihenfolge geordnet, die den
Richtlinien der Basisdokumentation entspricht, z.B. Reihenfolge der
Diagnosen nach dem Schweregrad der Erkrankung und der Bedeutung für den
Fachbereich. Außerdem werden durch die Folgenummern die Bezüge zwischen
Diagnosen, Operationen, Histologie und postoperativen Komplikationen
problemorientiert aufgezeigt.

Die so vorbereiteten Phrasen werden lochkartenweise abgelocht zusammen
mit Codenummer der Datenart, Identifikation des Patienten und Folgenummer
der Datenart (siehe Bild 2). Diese Basisdaten werden von der EDV auf Kar-
tenfolge geprüft und mit erklärendem Text ausgedruckt. Diese Listen sieht

ein Arzt auf medizinische Plausiblität und richtige Phrasenumstellung durch und verbessert Fehler eventuell nach Rückgriff auf den Arztbrief (siehe Bild 3).

Betr.: Herrn (A) Alfred Dummy, Geb. 18.11.12
(B) wohnh. 8 München 90, Tannenstr.50

593

Sehr geehrter Herr Kollege!

Besten Dank für die Überweisung d. o. g. Pat.,d. sich vom 3.10.76 bis 14.10.76 in unserer stationären Beobachtung befand.

DIAGNOSE: (K1)

Prostataadenom

Die Anamnese wird als bekannt vorausgesetzt.

LABORUNTERSUCHUNGEN:
BKS: 0 mm n. W.
Hämoglobin: 14,4, mg%, Leukos: 8501
Harnstoff-N: 16 mg% (Norm 10-22 mg%), Kreatinin: 1,2 mg% ......

Urinstatus und Sediment o. B.

Urinkultur steril.

RÖNTGENUNTERSUCHUNG:
Im Cysturethrogramm fand sich eine deutliche ....

THERAPIE: (T1)
Nach entsprechender Vorbereitung führten wir die transurethrale Elektro-resektion der Prostata durch. Wir konnten (8 g) Gewebe entfernen.
Die histologische Diagnose lautet:
(TH1) Drüsige Hyperplasie der Prostata mit geringer chronischer Entzündung.
Der postoperative Verlauf war komplikationslos. Nach Entfernen des Dauerkatheters konnte der Patient mit befriedigendem Harnstrahl ent-lassen werden. Der Restharn betrug 0 ml.

Bild 1: Arztbrief mit Codierung und Unterstreichung der Basisdaten. Die Basisdaten werden im Arztbrief manuell unterstrichen und die Datenarten codiert und durchnummeriert

```
A 059376181112 0310    DUMMY ALFRED
B 059376181112 0310    8 MUENCHEN 90,TANNENSTR.50
K 059376181112 050876  PROSTATAADENOM
T 059376181112  1      TRANSURETHRALE ELEKTRORESEKTION
T 059376181112 H1      DRUESIGE HYPERPLASIE DER PROSTATA
A 000277101297 0501    NIEMAND KARL
B 000277101297         8 MUENCHEN 90,KARLSTR.7
K 000277101297  1      BLASENSTEINE
K 000277101297  2      PROSTATAADENOM
K 000277101297  3      WEGEN HOHEM ALTER KEINE PROSTATARE
S 000277101297  1      BLASENSTEINE MIT DER STEINZANGE ZERT
```

Bild 2: Auflistung der gelochten Daten.
        Aufgrund der Unterstreichungen im Arztbrief werden die Basis-
        daten abgelocht. Es sind die Basisdaten von 2 Patienten auf-
        gelistet, der 1. Patient entspricht Bild 1

NR.: 0593/76, GEB.DAT: 18.11.12-1

PATIENT: DUMMY ALFRED
WOHNORT: 8 MUENCHEN 90, TANNENSTR.50
EINTRITT: 03.10.76   AUSTRITT: 14.10.76

1. DIAGNOSE: PROSTATAADENOM
1. OPERATION: TRANSURETHRALE ELEKTRORESEKT. D.PROSTATA (8GR)
1. HISTOLOGIE: HYPERPLASIE DER PROSTATA

NR.: 0002/77, GEB.DAT: 10.12.97-1

PATIENT: NIEMAND KARL
WOHNORT: 8 MUENCHEN 40, KARLSTR.7
EINTRITT: 05.01.77   AUSTRITT: ...

1. DIAGNOSE: BLASENSTEINE
2. DIAGNOSE: PROSTATAADENOM
3. DIAGNOSE: WEGEN HOHEM ALTER KEINE PROSTATARESEKTION

1. EINGRIFF: BLASENSTEINE MIT STEINZANGE ZERTRUEMMERT

Bild 3: Auflistung der Basisdaten mit erklärendem Text.
        Die Basisdaten aus Bild 2 sind mit erklärendem Text ausgedruckt.
        Diese Liste ist Grundlage einer inhaltlichen Fehlerkontrolle und
        dient nach patientenweiser Sortierung der patientenbezogenen
        Auskunft in der Klinik

2   <u>PRÄSENTATION DER KLARTEXTE</u>

Die Basisdaten werden nach Namen des Patienten, Geburtsdatum und Eintrittsdatum sortiert mit erklärendem Text aufgelistet. Solche Listen, die vierteljährlich und zusammengefaßt jährlich an die Klinik gegeben werden, dienen der Schnellauskunft über die gesammelten Basisdaten aus früheren Aufenthalten. Wiederholungsaufenthalte eines Patienten liegen durch die Sortierung unmittelbar hintereinander, d.h. die Aufenthalte sind patientenbezogen zusammengeführt.

Diese Präsentation der Basisdaten für personenbezogene Auskünfte in der annähernd ursprünglichen Formulierung hat gegenüber der Präsentation in Form codierter Texte mehrere Vorteile: Der Arzt erkennt seine Ausdrucksweise sofort wieder und muß sie nicht erst aus den Vorzugsbezeichnungen herauslesen; denn gelegentlich überdeckt ein Dokumentationsbegriff mehrere sonst in der Medizin getrennt betrachtete Begriffe, was die Vorzugsbezeichnung nicht immer eindeutig zum Ausdruck bringen kann. So können bei der personenbezogenen Ausgabe decodierter Basisdaten Ungereimtheiten entstehen, die ohne zusätzliche Erklärungen unverständlich erscheinen. Von weiterem Vorteil ist es, daß zusätzliche medizinische Informationen im Klartext leicht untergebracht werden können, z.B. Größenangaben bei Diagnosen oder Menge des resezierten Gewebes bei Operationen, was bei Verschlüsselung der Daten ohne große Schlüsseländerung oder Vereinbarung zusätzlicher Felder nicht möglich wäre.

Wir haben daher den Speicherumfang für urologische Diagnosen ermittelt. Er beträgt für eine nach dem ICD/E Diagnosenschlüssel [1] verschlüsselte Diagnose einschließlich Zusatzbyte für "Verdacht auf", "Zustand nach" usw. 6 Bytes. Die entsprechende Information im Klartext beträgt im Durchschnitt 19 Bytes und mit Zusatzinformation 28 Bytes. Wenn das Informationssystem so angelegt ist, daß die Klartexte für patientenbezogene Auskünfte nur ein Jahr im direkten Zugriff stehen müssen und nach Ausdruck der Listen in der Klinik rasch erreichbar sind, so lohnt es sich, die Klartexte der Basisdaten zu erfassen und patientenbezogene Auskünfte in der ursprünglichen Formulierung auszugeben. Auswertung von Basisdaten, die in Klartextform unverschlüsselt gespeichert werden, sind zwar mit Datenaufbereitungsprozeduren möglich, jedoch ohne Klartextanalyse, welche den Klartext in verschlüsselte Form bringt, sehr mühevoll. Wir haben daher die Klartextanalyse zur Verschlüsselung der Basisdaten eingesetzt.

3   <u>KLARTEXTANALYSE</u>

Wir haben unser Klartextanalyseprogramm, das wir ursprünglich für die Kontrolle handverschlüsselter Diagnosen entwickelt hatten [2] , auf die Verschlüsselung der urologischen Klartexte von Basisdaten umgestellt. Die Verschlüsselung erfolgt für Diagnosen nach der erweiterten deutschen Fassung des ICD/E [1] und läuft in folgenden Schritten ab:

1. Die Klartextanalyse ermittelt innerhalb der Phrase aus dem Arztbrief die einzelnen Wörter aufgrund von Trennzeichen (Blank, Sonderzeichen).

2. Dann werden nicht signifikante Wörter, z.B. Artikel, Seitenbezeich- nung mit Hilfe einer Datei ausgesondert. Phrasenteile, die der Be- nutzer in Klammern setzt, werden ebenfalls als nicht signifikant be- trachtet.

3. Im nächsten Schritt wird mit einem signifikanten Wort in den Thesaurus eingegangen, der satzweise die urologischen Phrasen enthält (siehe Bild 4). Jedem Satz ist die entsprechende ICD/E-Schlüsselnummer zugeordnet. Synonyme werden dadurch berücksichtigt, daß mehrere Sätze auf die glei- che Schlüsselnummer hinweisen können. Das Programm zeigt nun alle Sät- ze des Thesaurus an, welche das Eingangswort enthalten. Dieser Such- vorgang wird über eine invertierte Datei erleichtert, welche die Wör- ter der Phrasen und ihre Adressen im Thesaurus enthält (siehe Bild 5). War der Suchvorgang mit dem signifikanten Wort nicht erfolgreich, so wird nachgesehen, ob das Wort Teil eines Thesauruswortes ist, d.h. Be- standteil eines zusammengesetzten Wortes. Bleibt das Suchen wiederum erfolglos, wird das Wort je nach Gesamtlänge um 2 bzw. 6 Buchstaben gekürzt und erneut in den Thesaurus eingegangen. Diese Kürzung ver- sucht, in einer ungrammatikalischen Art Endungen zu beseitigen.

4. Weist keine der drei Wortsucharten auf einen Thesaurussatz, so wird auf Suchen mit dem nächsten Wort übergegangen.

5. Werden bei der Suche mit einem Wort aus dem Arztbriefklartext mehrere Schlüsselnummern gefunden, so wird durch eine logische Und-Verknüp- fung mit dem nächsten Wort versucht, eine Untermenge dieser Schlüssel- nummern zu bilden.

6. Wird dabei die leere Menge gefunden, so wird die letzte Verknüpfung ignoriert und mit dem nächsten Wort verknüpft.

7. Der Suchalgorithmus wird nach Abarbeitung der gesamten Phrase beendet.

0   49 OPERATIVE ENTFERNUNG VORGESEHEN
1   49 PATIENTEN ZUR OPERATION D.PROSTATAADENOMS VORGES
2   51 REZIDIV
3   52 PATIENT VERLIESS VOR DER OPERATION DIE KLINIK
4   52 PATIENT LEHNTE SUPRAPUBISCHE TRANSVESIKALE PROST.AB
5   55 WEGEN DES ALTERS DES PATIENTEN KEINE THERAPIE ERFORD
6   60 NACHBESTRAHLUNG MIT DEM GAMMATRON,VERLEGUNG D.PAT
7   80 BEIDERSEITS
8   80 BEIDSEITIG
9   1121 LUNGENTUBERKULOSE
10 1611 URO-TUBERKULOSE ALT
11 1621 VERD.UROGENITALTUBERKULOSE
12 1941 LUNGENTUBERKULOSE
13 4311 Z.N. POLIOMYELITIS
14 15413 ADENOKARZINOM DES REKTUMS
15 18213 KORPUSKARZINOM
16 18513 PROSTATACARCINOM
17 18513 PROSTATAKARZINOM
18 18513 PROSTATAKARZINOM GROSS,ZERFALLENDES
19 18513 PROSTATAKARZINOM IM STADIUM B BIS C
20 18513 PROSTATAKARZINOM,STADIUM C
21 18617 SEMINOM

<u>Bild 4</u>: Thesaurus der urologischen Phrasen mit ICD/E-Schlüsselnummer.
       Auflistung der Thesaurussätze, die aus Zeilennummer, ICD/E-
       Schlüsselnummer und Diagnosenbezeichnung im Klartext bestehen

Der Suchalgorithmus endet mit vier Ausgängen (siehe Bild 6). Die Phrase
des Arztbriefes stimmt vollständig mit einem Satz des Thesaurus überein
oder die Arztbriefphrase ist mit 2 Wörtern Teil eines Thesaurussatzes.
Beide Ausgänge führen zu einem eindeutigen Schlüssel und damit zu einer
automatischen Verschlüsselung.

Stimmt die Arztbriefphrase nur in einem Wort mit einem Teil eines oder
mehrerer Thesaurussätze überein, so ist das Ergebnis des Schlüsselvor-
schlages zweifelhaft und muß aufgrund der Schlüsselvorschläge halbautomatisch überprüft werden. Ein Teil der Suchvorgänge mit diesem Ausgang
führt auf einen falschen Schlüssel. Die Entscheidung, ob der richtige
Schlüssel gefunden wurde, ist sehr einfach, da der Thesaurus-Klartext

AB	4			
ABAKTERIELLE	241			
ABGANGSSTENOSE	186			
ABGELEHNT	306			
ACCUMINATA	258	259		
ADENOKARZINOM	14			
ADIPOSITAS	58	59		
AERUGINOSA	116	133		
AKUT	76			
AKUTE	246	249	282	
AKUTER	211			
ALBUS	121	124	127	
ALT	10			
ALTERS	5	303		
AM	40	42	44	297
ANDERSON	202			
ANEURYSMAS	82			
ANSTIEG	276			
ANURIE	135	282		

<u>Bild 5</u>: Invertierte Datei der Wörter in den urologischen Phrasen.
Die invertierte Datei beschleunigt den wortweisen Zugriff auf
den Thesaurus (siehe Bild 4). Ein Satz besteht aus Wort und
Adresse der Sätze im Thesaurus, welche das Wort enthalten

mit ausgegeben wird. Schließlich kann der Algorithmus erfolglos bleiben,
wenn kein entsprechender Thesaurussatz gefunden wurde. Schreibfehler
können einen solchen Ausgang herbeiführen.

3.1   Ergebnisse der Klartextanalyse

Wir haben die Klartextanalyse an urologischen Daten mit dem Thesaurus
aus ICD/E-Phrasen durchgeführt. Das Ergebnis war äußerst entmutigend, da
wir automatisch nur 7% richtige Zuordnungen hatten (siehe Tab. 1). Da-
raufhin errichteten wir einen Thesaurus mit den Phrasen der Urologischen
Klinik und zwar in einem Umfang von nur 300 Phrasen. Damit konnten wir
bereits 73% richtige automatische Verschlüsselungen erreichen. Wenn die
7% richtigen Schlüsselvorschläge für die halbautomatische Verschlüsselung noch hinzugefügt werden, so kommen wir auf eine Rate von 80% rich-
tiger Schlüsselvorschläge, während 3% falsche Vorschläge und 17% fehlerhafte Vorschläge zu verzeichnen sind.

1. DIAGNOSE: PROSTATAKARZINOM,STADIUM C
   VOELLIGE UEBEREINSTIMMUNG MIT
   18513 PROSTATAKARZINOM,STADIUM C
   VORSCHLAG: 18513

2. DIAGNOSE: PROSTATAKARZINOM,STADIUM B
   MEHRWORT-UEBEREINSTIMMUNG MIT
   18513 PROSTATAKARZINOM IM STADIUM B BIS C
   18513 PROSTATAKARZINOM,STADIUM C
   VORSCHLAG: 18513

3. DIAGNOSE: PROSTATACARCINOM GROSS
   EINWORT-UEBEREINSTIMMUNG
   18513 PROSTATACARCINOM
   18513 PROSTATAKARZINOM GROSS,ZERFALLENDES
   VORSCHLAG: UEBERPRUEFUNG DER LISTE

4. DIAGNOSE: PROTATACARCINOM
   KEINE UEBEREINSTIMMUNG
   VORSCHLAG: NICHT MOEGLICH

Bild 6: Die vier möglichen Schlüsselvorschläge des Klartextanalyseprogramms. Die vier Ausgänge des Klartextanalyseprogramms werden durch ein output-Beispiel für 4 Diagnosen illustriert. Jeder Ausgang besteht aus einem Diagnosentext aus dem Arztbrief, der Stärke der Übereinstimmung zwischen Diagnosentext und Thesaurussatz, dem übereinstimmenden Thesaurussatz und Schlüsselvorschlag

In einem weiteren Versuch haben wir den klinikspezifischen Thesaurus und den ICD/E-Thesaurus gleichzeitig an unser Programm gekoppelt. Findet das Programm im klinikspezifischen Thesaurus keinen Schlüsselvorschlag, so wird in den ICD/E-Thesaurus eingegangen unter der Annahme, daß es sich bei der vorliegenden Arztbriefphrase um einen Ausdruck außerhalb des urologischen Fachbereiches handelt. Wir konnten damit eine leichte Verbesserung auf 74% richtige automatische und 11% richtige halbautomatische Verschlüsselungen erhalten. Das bedeutet, daß 74% der Diagnosen automatisch verschlüsselt werden, 11% mühelos aus den Schlüsselvorschlägen des Programms und 15% von Hand aus einem Schlüsselverzeichnis codiert werden müssen.

Tab. 1: Häufigkeiten in % der Schlüsselvorschläge mit Hilfe der Klartextanalyse bei verschiedenen Thesauren (n=433)

Vorschlag x) \ Thesaurus	ICD/E	Klinikspezifisch	Klinikspezifisch und ICD/E
Automatisch richtig	7	73	74
Halbautomatisch richtig	40	7	11
Halbautomatisch falsch	44	3	6
Keiner	9	17	9
Summe	100	100	100

x) Von den Programmausgängen wurde Ausgang 1 und 2 zu "automatisch richtig" zusammengefaßt und Ausgang 3 nach dem Angebot der Liste in "halbautomatisch richtig" und "halbautomatisch falsch" unterteilt

Wenn wir untersuchen, warum der fachspezifische Thesaurus eine solch enorme Verbesserung der Schlüsselvorschläge erbrachte, so sehen wir einmal, daß der fachspezifische Thesaurus ganz dem Klinikjargon angepaßt ist, während der ICD/E-Schlüssel nur international anerkannte Bezeichnungen enthalten kann. Weiterhin sind im fachspezifischen Thesaurus keine Begriffe außerhalb des Fachbereiches enthalten; daher können bei der Suche mit fachunspezifischen Wörtern, z.B. mit dem Wort "chronisch", keine fachunspezifischen Schlüsselnummern angeboten werden. Die Chance, den richtigen Schlüssel zu treffen, ist daher wesentlich größer. Außerdem führen nachlässige Bezeichnungen des Fachbereiches noch zu Eindeutigkeiten, die im ICD/E-Thesaurus nicht mehr möglich wären; z.B. sprechen die Urologen von der "Blase" und meinen die Harnblase. Im ICD/E-Thesaurus führt diese Bezeichnung auch auf die Gallenblase und die Druckblase der Haut.

Die Betrachtung der Rechenzeiten für das Arbeiten mit verschieden großen Thesauren gibt ebenfalls einen beachtlichen Vorzug für die Verwendung spezifischer Dateien. Die Rechenzeit pro Diagnose beträgt mit dem klinikspezifischen Thesaurus durchschnittlich 1.4 sec, mit der Kombination beider Dateien 4.5 sec und mit dem ICD/E-Thesaurus allein 11.0 sec.

Die mit Klartextanalyse verschlüsselten Basisdaten werden in die Archivdatenbank überführt und zugleich patientenbezogen zusammengeführt. In der Archivdatenbank stehen sie dann über unser Auskunftsystem ISIS wissenschaftlichen Anfragen und Routinestatistiken zur Verfügung.

In unserem Vortrag wollten wir zeigen, daß durch Aufbau eines fachspezifischen Thesaurus auf umgrenzten medizinischen Gebieten Trefferrate und Rechenzeit der Klartextanalyse wesentlich verbessert werden können.

LITERATUR

[1] IMMICH, H.: Klinischer Diagnosenschlüssel.
    (Stuttgart: Schattauer 1966).

[2] THURMAYR, R., STRÖHLEIN, I., OHNGEMACH, D.: Laufende Überwachung
    der Handverschlüsselung von Diagnosen mit Hilfe einer automatischen
    Nachverschlüsselung. In: KOLLER, S., REICHERTZ, P.L., ÜBERLA, K.
    (Hrsg.): Medizinische Informatik (1975).
    (Berlin, Heidelberg, New York: Springer 1976).

DIE ANWENDUNG VON C-TRIES ZUR REPRÄSENTATION

HIERARCHISCHER DATENSTRUKTUREN BEI DER AUTOMATISCHEN

KLARTEXT-DIAGNOSEN-VERSCHLÜSSELUNG

H.M. Dannhauer

In [1, 2] wurde eine als "Trie" bezeichnete Baumstruktur zur Speicherung von Informationen und ihrer Ordnungsstruktur beschrieben. Ein Trie
sieht im Falle einer alphabetisch sortierten Wortliste folgendermaßen
aus:

Jeder Knoten des Baumes enthält entsprechend den 26 Buchstaben und dem
Leerzeichen 27 Link-Felder, d.h. es handelt sich um einen m-ären Baum.
Nun wird die Tatsache ausgenutzt, daß viele Wörter gleiche Anfangs-
buchstaben-Folgen (Präfixe) besitzen. Die Zeichen dieser Präfixe werden
nur einmal gespeichert, und zwar auf folgende Weise: Die Zeichen werden
mit den Zahlen 1 bis 27 verschlüsselt. Hat der erste Buchstabe eines
Präfixes nun die Schlüsselnummer j, so wird im Wurzelknoten des Baumes
das j-te Link-Feld mit einem Zeiger auf einen Knoten der ersten Knotenebene besetzt. In diesem Knoten wird wiederum das k-te Feld besetzt,
wenn der zweite Buchstabe die Schlüsselnummer k hat, und so weiter. Haben zwei Worte ein gemeinsames Präfix der Länge ℓ, so teilen sie sich
den Pfad durch den Baum bis zur $(\ell-1)$-ten Knotenebene. In den Feldern
der ℓ-ten Knotenebene werden dann die Worte selbst gespeichert. Die Zahl
der Vergleiche bis zum Auffinden eines Wortes beträgt ca. $\log_{27}n$ (n =
Zahl der gespeicherten Worte) [2] , wenn die Zahlen 1 bis 27 gleichver-
teilt sind. Da dies bei den Buchstaben des Alphabets nicht der Fall ist,
gilt diese Abschätzung für die Suchzeit nur näherungsweise für große n.
Dieser Vorteil einer geringen Suchzeit wird allerdings mit dem Nachteil
eines hohen Speicherplatzbedarfes erkauft: Jeder Knoten enthält 27 Felder der Länge $\log_{2}n$, und es werden (bei gleichverteilten Zahlen zwischen
1 und 27) ca. n/3 Knoten benötigt. Ein Trie ist also zur Speicherung
größerer Wortlisten (n ≃ 10.000) nicht geeignet, wenn man die gesamte
Struktur im Kernspeicher halten will.

Daher wurde die Bildung von "compressed tries" (C-Tries) vorgeschlagen
[3], die bei etwa gleicher Suchzeit wesentlich weniger Speicherplatz benötigen. Dies wird dadurch erreicht, daß man die Knotenfelder nur ein

Bit lang macht. Man verzichtet damit auf die Verweise zu anderen Knotenebenen und ordnet statt dessen die Knoten der einzelnen Ebenen physika-
lisch hintereinander an. Analog zum Vorgehen beim Trie wird das j-te Bit
eines Knotens auf 1 gesetzt, wenn die Schlüsselnummer des entsprechenden
Buchstabens gleich j ist. Bei einem gemeinsamen Präfix der Länge ℓ wird
der Pfad um eine Knotenebene weiter geführt als beim Trie (also bis zur
ℓ-ten Ebene), und in der $(\ell+1)$-ten Ebene werden nur noch die Wortreste gespeichert, da ja das Präfix implizit im Pfad enthalten ist. Die Zahl der
Knoten erhöht sich dadurch zwar auf $1.3 \cdot n$, jedoch sind die einzelnen Knoten wesentlich kürzer als beim Trie:

Außer den 27 Bits, die die Link-Felder ersetzen, wird zum Auffinden der
Nachfolgeknoten noch ein Feld der Länge $\log_2 n$ benötigt, in dem angegeben
ist, wieviele Knoten auf der nächsten Ebene links vom ersten Nachfolger
des betreffenden Knotens liegen (die Adresse des gewünschten Nachfolgers
erhält man dann, indem man zu dieser Zahl die Zahl der auf 1 gesetzten
Knotenbits addiert). Ein weiteres Bit dient zur Markierung der Knoten,
die einen Wortrest enthalten, ein zweites markiert das Ende von solchen
Worten innerhalb eines Pfades, die Präfix eines anderen Wortes sind (z.B.
AB - ABEND). Jeder Knoten hat also eine Länge von $(27 + \log_2 n + 2)$ Bits,
so daß der Speicherbedarf insgesamt wesentlich geringer ist als beim Trie.
Der C-Trie ist daher auch bei umfangreichen Wortlisten praktikabel. Änderungen (z.B. durch Einfügen neuer Worte) können allerdings sehr auf-
wendig werden, wenn etwa durch das Einfügen eines neuen Knotens ein großer
Teil der vorhandenen Knoten geändert werden muß. In diesem Fall ist es
günstiger, den gesamten C-Trie neu zu erstellen.

Bei der automatischen Diagnosenverschlüsselung kann der C-Trie zu verschiedenen Zwecken eingesetzt werden:

a) Wir verwenden einen C-Trie zur Speicherung eines Grundformen-Wörter-
buchs, das als Grundlage für die Reduzierung der Klartext-Worte auf
Grundformen dient. Bei der von uns benutzten Anlage CYBER 175 können wir
einen Knoten in einem 60-Bit-Wort unterbringen und benötigen für die ca.
8.000 Grundformen des KDS-Schlüssels ca. 15.000 CM-Worte, während bei
einer linearen Speicherung für das binäre Suchverfahren ca. 12.000 Worte
benötigt würden, allerdings mit einer Suchzeit von im Mittel 12 Vergleichen gegenüber ca. 5 beim C-Trie. Die 15.000 Worte können im Kernspeicher
gehalten werden, so daß während der Wortformenreduktion kein Plattenzu-
griff notwendig ist.

Der besondere Vorteil des C-Tries bei einer Wörterbuchsuche zur Wortformenreduktion ergibt sich aus der Tatsache, daß in den meisten Fällen das
Suchwort im Wörterbuch nicht gefunden wird und daß gerade für diesen Fall
die Suchzeiten besonders gering sind. Am Ende der Suchoperation liegt
außerdem automatisch die Information über den übereinstimmenden Teil und
den Rest eines Suchwortes vor, was die Behandlung von Umlauten und zusammengesetzten Worten sehr erleichtert. Hat man z.B. einen Umlaut aus dem
Suchwort entfernt, so braucht man nicht mehr beim Wurzelknoten mit der
neuen Suche zu beginnen, sondern kann auf einer, der Position des Umlau-
tes entsprechenden, höheren Knotenebene anfangen. Durch die Markierung
von Präfixen, die selbständige Worte sein können, wird ein großer Teil
der zusammengesetzten Worte ohne zusätzliche Operationen richtig erkannt.

Für die Reduzierung der Wortformen der Diagnosetexte des KDS-Schlüssels
(ca. 10.000 Texte mit ca. 50.000 Wortformen) werden ca. 40 CPU-Sekunden
benötigt, d.h. die Wörter eines Textes werden im Mittel in ca. 1 msec
reduziert.

b) Die Verschlüsselung selbst besteht z.Zt. im Vergleich der den Wörtern
eines Diagnosetextes zugeordneten Schlüsselnummern, wobei diejenige(n)
Nummer(n) als zutreffende Verschlüsselung(en) behandelt wird(werden),
die allen Wörtern des Textes gemeinsam ist(sind). Zur Verbesserung dieses Verfahrens ist geplant, die Wortfolgen selbst wieder in Form eines
C-Tries zu speichern, um so durch Übergang von der reinen Wortanalyse
zur Phrasen-Analyse die Zahl der auftretenden Zweifelsfälle zu reduzieren. Hierbei treten also an die Stelle der Buchstaben die Worte selbst,
und es sind so viele Knotenbits vorzusehen, wie verschiedene Worte vorhanden sind. Beschränkt man sich auf einen kleinen Wortschatz eines einzelnen Fachbereichs (in unserem Fall ist zunächst die Anwendung in der
Abteilung HNO geplant), so hat man bei ca. 200 verschiedenen Worten eine
Knotenlänge von 5 CM-Worten auf der CYBER 175, wobei jetzt die Zahl der
Knotenebenen und damit auch die Zahl der Knoten wegen der kurzen Phrasen
wesentlich geringer ist als bei der Wortliste. Bei n zu speichernden
Phrasen benötigt man ca. 1.3·n Knoten, so daß der C-Trie im Umfang von
ca. 6.000 CM-Worten ohne Schwierigkeiten im Kernspeicher gehalten werden
kann.

c) Will man statt der Verschlüsselung das Retrieval mit Klartextfragen
betreiben, so kann man einen ähnlichen C-Trie wie unter b) benutzen, wobei jedoch jeder Knoten zusätzlich einen Verweis auf die Adreßleiste der
zur Phrase gehörenden Dokumente enthält. Hier können durch die beim

C-Trie sehr kurzen Suchzeiten sehr günstige Antwortzeiten bei der Klar-
text-Abfrage erreicht werden.

LITERATUR

[1] FREDKIN, E.: Trie Memory.
    CACM 3 (1960) 490 - 500.

[2] KNUTH, D.E.: The Art of Computer Programming.
    Vol. 3 (Mass.: Reading 1973).

[3] MALY, K.: Compressed Tries.
    CACM 19 (1976) 409 - 415.

EIN KONZEPT FÜR EINE IN DEN ARBEITSBEREICH DES ARZTES

INTEGRIERTE BEFUNDSCHREIBUNG

H.J. Friedrich, W. Sager

Ein Befundschreibungssystem muß sowohl in der Gesamtorganisation des In-
formationsflusses eines Klinikums als auch in dem Arbeitsbereich des Befunders integriert sein. Einer der Hauptgedanken des hier vorgestellten
Konzeptes ist, daß ein Befundschreibungssystem kontinuierlich vom Anwender selbst aufgebaut werden muß und für seine Bedürfnisse zugeschnitten
ist. Nur so wird der Benutzer das System akzeptieren, was eine Voraussetzung zur effektiven Nutzung ist. Eine Schwierigkeit der Anwendung bereits bestehender Befundsysteme sehen wir darin, daß sich der Anwender
mehr oder weniger dem System anpassen muß. So ist er z.B. bei vielen
Systemen gezwungen, klartextliche Zusatzangaben selbst über Tastatur
einzufügen. Dies behindert den üblichen Arbeitsablauf stark.

Es ist allgemein zu beobachten, daß eine Tendenz zur Strukturierung von
Befundschreibungen besteht; dies stellt besonders für Anfänger eine starke
Hilfe dar. Aber auch beim erfahrenen Befunder läßt sich die Qualität der
Befunde hinsichtlich der Vollständigkeit mit Hilfe der strukturierten
Vorgehensweise nachweislich erheblich verbessern. Wir sind nicht der
Meinung, daß eine Vorgehensweise ohne Flußdiagramme oder Entscheidungs-
bäume empfehlenswert ist, etwa mit der Begründung, daß jede Befundung
von der Persönlichkeit des Befunders abhängig ist, sondern möchten dies
wie folgt differenzieren:

Sicherlich wird keine allgemein verbindliche Struktur für den Aufbau
eines Befundes in einem spezifischen Fachgebiet vorliegen. Dennoch wird
sich für den einzelnen Befunder bzw. seine Abteilung oder für ein Gebiet,
d.h. für einen begrenzten Anwendungsbereich, ein wohlstrukturiertes Vorgehen entwickeln lassen können und sich dieses auch empfehlen. Gerade die
Möglichkeit, ein Befundschreibungssystem "maßschneidern" zu können, soll
das von uns zu entwickelnde System anbieten. Ein auf diese Weise ent-
wickeltes Befundschreibungssystem wird sich irgendwo auf dem Kontinuum
zwischen völlig strukturierter Vorgehensweise, z.B. Ja-Nein-Tastendruck-
System oder Touch-System einerseits und einem völlig freien Vorgehen
(Text - Diktat) andererseits befinden, indem es beide Möglichkeiten u.a.
in sich einschließt.

Ausgehend von einem logisch analysierten Befundungsvorgang wird ein Entscheidungsbaum aufgebaut. Die Knoten des Baumes sind Formulare (Bild-
schirminhalt). Sie können mit einem Formatgenerator erstellt werden. Ein
Formular besteht hierbei aus Formaten, die wiederum aus Führungstexten
und Feldern sowie Klartexteinschubmöglichkeiten bestehen. Es gibt verschiedene Feldtypen, wie z.B. numerisch, alphanumerisch, die verschiedenen Prüfroutinen unterworfen werden können. Dieses Konzept wird nun
dahingehend erweitert, daß bestimmte Feldinhalte zur Entscheidung über
die Formularsteuerung herangezogen werden. Die Menge der möglichen Alternativen wird bei der Formaterstellung in einem besonderen Modul vom
Benutzer festgelegt. Wir möchten diesen Komplex zunächst mit dem Namen
Entscheidungsbaumgenerator belegen. Dies ist, wie der Formatgenerator,
ebenfalls ein selbständiges Modul, das interpretativ über eine Benutzersprache die Ablaufstruktur erstellt. Das wesentlichste Merkmal hierbei
ist eine angehobene Benutzerschnittstelle. Dadurch soll es möglich werden, am Bildschirm im Dialog Entscheidungsbäume aufzubauen und zu ändern.
Realisierungsmöglichkeiten hierfür sehen wir durch die Implementierung
eines Interpreters mit einem Generatormodul. Wir haben allerdings noch
nicht festgelegt, welche Form eine Benutzersprache haben soll. Sie muß
die folgenden Elemente beinhalten:

- Zugriff auf Feldinhalte und
- deren logische und arithmetische Verknüpfung.

Abhängig von deren Ergebnissen im Aktionsteil wird über die Formularsteuerung entschieden. Der genaue Weg durch den Entscheidungsbaum wird
also erst während der Laufzeit festgelegt.

Die Erstellung des Befundes kann wie folgt charakterisiert werden: Alle
notwendigen Angaben über den Patienten werden von einem Speicher übernommen (Name, Geburtsdatum, Aufenthaltsdauer etc.), sie brauchen also
nicht erneut eingegeben zu werden. Nachdem generell die Entscheidung
für ein Befundungsgebiet gefallen ist, wird der Befunder durch die Struktur des Befundungsvorganges geführt, kann sie dabei aber durchbrechen
und modifizieren. Die Annahme der Daten erfolgt - wie oben beschrieben -
formulargesteuert. Dabei werden unterschieden:

- vom Befunder eingegebene Daten und
- selbstgenerierte Daten, wie z.B. Codenummern für Textbausteine
  oder Parameterangaben für Entscheidungen.

Unter die vom Benutzer einzugebenden Datentypen fällt ein neuer Datentyp,

den wir als Typ "Diktat" bezeichnet haben. Jedes Feld eines Formulars
nimmt Daten dieses Typs an. Die Eingabe dieser Datenart erfolgt durch
Tastendruck einer besonderen Taste (hardwaremäßig) und ist vergleichbar
mit dem Anschalten eines Diktiergeräts und bewirkt Absetzen eines Iden-
tifikationslabels auf dem Speichermedium und das Umschalten von der Ter-
minaleingabe auf Mikrophoneingabe. Der Befunder diktiert nun freien Text
in gewohnter Weise. Dasselbe Speichermedium nimmt also digitale und ana-
loge Informationen auf. Der Tastendruck einer besonderen Taste bewirkt
wieder das Setzen des Labels und ein Zurückschalten zum Formulardialog.
Auf diese Weise können automatische und konventionelle Befundschreibung
integriert werden.

Im Folgenden werden die technische Realisierung und der organisatorische
Ablauf der Befundschreibung kurz beschrieben.

Für die technische Realisierung bietet sich die Verwendung eines intelligenten Terminals auf Microprozessorbasis an. Die Kopplung zu einem
handelsüblichen Kassettengerät oder Diktiergerät wird über ein Interface
hergestellt. Dies gewährleistet eine Verwaltung der Analogdaten und der
Digitaldaten auf demselben Speichermedium. Die Systemkonfiguration zur
eigentlichen Aufnahme des Befundes und die zum Schreiben bzw. zum Erstellen eines Gesamtbefundes können voneinander unterschiedlich sein, da sie
verschiedenen Anforderungen genügen müssen. (Beim zweiten System ist z.B.
ein Drucker und ein Speichermedium für ein Textbausteinsystem notwendig,
was im Erfassungsteil nicht erforderlich ist.) Datenträger für die Kommu-
nikationsdaten vom Aufnahme- zum Wiedergabesystem sind die handelsüblichen
Kassetten bzw. Diktierbänder.

Die am Arbeitsplatz des Befunders erstellte Kassette wird nun wie folgt
weiterverarbeitet: Eine Schreibkraft gibt, wie vom Diktiergerät gewohnt,
die diktierten Texteinschübe in das Terminal ein. Hierbei steht ihr ein
Texteditmodul für Korrekturen zur Verfügung. Die Diktatlabel werden automatisch angesprungen und dienen gleichzeitig zur Identifikation des geschriebenen Textes bei der späteren Ausgabe. Sie werden mit den Textein-
schüben übertragen und gespeichert. Ein Schreibmodul übernimmt den end-
gültigen Aufbau des Gesamtbefundes. Die Feldinhalte der Felder vom Typ
"Textbaustein" sprechen dabei eine Eintragung im Textbausteinsystem an.
Freitexte werden beim Erreichen des entsprechenden Labels durch einen
Merge-Vorgang eingefügt. Sowohl die formatierten Daten (Feldwerte) als
auch die freien Texte werden jeweils getrennt gespeichert und können
getrennt statistischen Analysen zugänglich gemacht werden. So kann u.a.

durch eine besondere Häufigkeitsanalyse die Vorkommenshäufigkeit von Worten festgestellt werden. Somit kann einerseits eine Grundlage für ein Retrievalsystem gelegt, andererseits später das Befundanalysesystem rückkoppelnd weiterstrukturiert werden, indem freitextliche Einfügungen in die Strukturteile übernommen werden. Dadurch kann auch die Struktur des Befundungsvorganges (der Entscheidungsbaum) verbessert und erweitert werden.

<u>Zusammenfassung</u>

Für ein bestimmtes Problem soll kein fertiges System angeboten werden, sondern vielmehr eine Reihe von Hilfsmitteln, mit denen ein den individuellen Wünschen und Bedürfnissen angepaßtes System entworfen und implementiert werden kann. Hierbei geschieht die Implementierung während der Anwendungsphase. Dadurch, daß sich der Benutzer mit dem von ihm entworfenen System identifizieren kann, ist sichergestellt, daß es auch weiterentwickelt und genutzt wird.

<u>PROBLEME DER AUTOMATISCHEN INDEXIERUNG VON FACHTEXTEN</u>

<u>AM BEISPIEL JURISTISCHER DOKUMENTE</u>

H. Zimmermann

"Ein Computer versteht keine Ironie. Er verfügt nicht über das entsprechende Weltwissen, Situationswissen, Textwissen. Man müßte es ihm vermitteln. Ob das gelingt, ist fraglich..." Dieses Zitat aus einer noch
druckfrischen Veröffentlichung [3] spiegelt sehr gut die unbefriedigende
Situation wider. Und das nach nunmehr schon über 25-jährigem Bemühen
um die Verwendung linguistischer Methoden in der maschinellen Textverarbeitung, grob wiederzugeben mit den Schlagwörtern: Automatische Sprach-
übersetzung, Maschinelles Indexing und Automatisches Abstracting.

Die Entwicklung der theoretischen Linguistik hat sicherlich in den letzten beiden Jahrzehnten nicht stagniert. Formale Sprachbeschreibungsmo-
delle, wie etwa die Generative Transformationsgrammatik, wurden auch als
besonders "computeroperabel" begrüßt (der Begründer dieses Grammatik-
modells, CHOMSKY, hat selbst großen Anteil an der Entwicklung einer
Typisierung der formalen Sprachen in der Informatik). Auch die z.T. unterschiedlichen Weiterentwicklungen, wie die "Generative Semantik" oder
die (Tiefen-)"Kasustheorie", erscheinen wegen ihrer Formalisierbarkeit
EDV-praktikabel. Im Zusammenhang mit sprachlich orientierten Modellen
und Systemen der "Artificial Intelligence-Forschung" sind ebenfalls,
vor allem in den letzten zehn Jahren, genügend Systeme bekannt geworden,
die "Sprachverstehen" simulieren bzw. demonstrieren wollen. Im Dokumen-
tations- und Informationsbereich <u>praktisch</u> einsetzbare Systeme zur "Textverarbeitung" auf einem genügend hohen Sprachverstehensniveau liegen aber
bislang nicht vor. Ohne Zweifel - dies unterstreicht auch die zu Anfang
erwähnte Veröffentlichung - ist dafür die Komplexität der natürlichen
Sprache (d.h. der normalen sprachlichen Äußerungen) verantwortlich. Auch
eine Beschränkung auf Fachtexte (z.B. mit Einschränkungen im Wortschatz
und im Satzbau) hilft da kaum weiter, vor allem dann nicht, wenn die zu
analysierenden Äußerungen - wie in der Regel üblich - im Hinblick auf
die Kommunikation Mensch-Mensch entstanden sind.

Die technische Entwicklung gerade der letzten Jahre (z.B. Verfügbarkeit
großer Speichermedien, maschineller Satz, optische Leser,...) ermöglicht
es inzwischen, große Textmengen mit - im Vergleich zu früher - geringem
Aufwand maschinell zu verarbeiten. Während die Erfassungskosten z.B.

noch vor zehn Jahren ein wichtiges ökonomisches Argument gegen eine maschinelle Übersetzung bildeten (vgl. den ALPAC-Report), entstehen computeroperable Textdaten heute zum Teil schon als Abfallware (etwa bei Verlagsprodukten). Dies gilt auch für maschinelle Informationssysteme, in denen textuelle Informationen (d.h. Klartext) neben den formalen (retrievalfähigen) Daten als Hintergrundinformation gespeichert sind.

Während die maschinelle Textverarbeitung in Bereichen wie dem einer <u>qualitativ guten</u> maschinellen Übersetzung, eines dem humanen vergleichbaren automatischen Abstracting oder eines ein größeres Wissensgebiet (Midi- oder Makrowelt) umfassenden Fact-Retrieval aus den genannten Komplexitätsgründen derzeit nicht praktikabel erscheint - allenfalls ist hierbei Computer-Unterstützung denkbar - , ist gegenwärtig das <u>automatische Indexing</u> am ehesten für den praktischen Einsatz geeignet. Nach den bisherigen Erfahrungen, die auch bei Vergleichen innerhalb und mit der intellektuellen Indexierung gesammelt wurden, sind einer maschinellen Indexierung, d.h. einer Vergabe von Deskriptoren zu einem Dokument aufgrund einer maschinellen Analyse des in einem Text verwendeten Wortmaterials, am ehesten gewisse Chancen einzuräumen.

In der folgenden Betrachtung soll nicht auf statistisch orientierte Indexierungsmethoden eingegangen werden. Die Ausführungen beschränken sich vielmehr im wesentlichen auf linguistische Fragen, die entweder beim Ermitteln potentieller Deskriptoren aus dem Textmaterial entstehen oder sich beim Retrieval mit den maschinell ermittelten Wörtern ergeben. Die Beschreibung orientiert sich dabei in den meisten Fällen an Beispielen aus dem Bereich der Rechtsdokumentation, insbesondere zum Sozial- und Steuerrecht. Dazu werden Erfahrungen eingebracht, die an in Deutschland eingesetzten Systemen zur automatischen Indexierung gewonnen wurden. Das Juristische Informationssystem der Bundesregierung (JURIS) verwendet beispielsweise (bislang) das System GOLEM/PASSAT von Siemens, wobei PASSAT die "linguistische" Analyse bei der Indexierung zukommt. Die Steuerrechtsdokumentation der DATEV arbeitet mit dem System STAIRS von IBM. Damit sind zugleich zwei prototypische Systeme genannt, die eine brauchbarpraktische Ausnutzung textueller Informationen für das Dokument-Retrieval ermöglichen sollen. Da diese Systeme kommerziell vertrieben werden, allgemein zugänglich und auch relativ gut dokumentiert sind, sollen hier nur einige für unser Problem relevante Systemkomponenten und Funktionen beschrieben werden, wobei (vor allem zu STAIRS) Teile der Retrievalkomponente einbezogen sind.

Im System STAIRS (IBM) bilden die im aktuellen Text vorkommenden Wort-

<u>formen</u> die wesentliche Retrievalgrundlage. Irgendwelche Reduktionen (auf Grundformen z.B.) finden bei der Indexierung nicht statt. Notiert wird allerdings die jeweilige Belegstelle einer Wortform (wie Abschnitt, Satz, Wortnummer im Satz). In dem so entstandenen Wörterbuch lassen sich die Wortformen zusätzlich intellektuell synonym verknüpfen.

Zum Retrieval stehen damit alle Wortformen der Texte, Belegstellen- und Häufigkeitsangaben sowie die Synonym-Markierung zur Verfügung. Da Wortformen in flektierenden Sprachen unterschiedliche Realisierungen eines Begriffs darstellen, wurde zum Retrieval eine Maskierungsfunktion zur Verfügung gestellt (Wortendemaskierung mit fakultativer Angabe der Maximallänge des Restwortes), so daß Flexionsformen zusammengefaßt werden können:

(1)   <u>ERGEBNIS</u>∅3 -- ERGEBNIS; ERGEBNI<u>SSE</u>; ERGEBNI<u>SSES</u>;
                           ERGEBNIS<u>SEN</u>
    <u>ERGEBNIS</u>∅   -- ..., ERGEBNIS<u>KONTROLLE</u>, ...

Dies setzte (bislang) voraus, daß ein Bearbeiter sich die möglichen morphologischen Realisationen eines Begriffes vergegenwärtigen mußte, um sicherzugehen, daß alle Belege nachgewiesen wurden. Zusätzlich mußten Unregelmäßigkeiten im Wortstamm berücksichtigt werden

(2)   GEHEN   -- GEH∅, GING∅, GEGANGEN∅ (Ablaut)
    HAUS   -- HA∅ bzw. HAUS∅, HAEUSER∅ ...

Dieses Problem soll durch einen inzwischen entwickelten Retrieval-Baustein (STAIRS-TLS) behoben werden, bei dem in der Suchfrage nur noch die Grundformen angegeben werden müssen, aus denen dann automatisch die potentiellen Wortformen generiert (bzw. nach der Recherche - für den Benutzer unsichtbar - selektiert) werden.

(3)   HAUS   -- HAUS, HAUSES, HAUSE, HAEUSER, HAEUSERN

Weitere Probleme ergeben sich aus den möglichen unterschiedlichen Schreibweisen einer Wortform (sog. Wortformenalternanten):

(4)   PHOTO   -- FOTO
    PHOTOGRAPH   -- FOTOGRAPH
    BFH   -- BUNDESFINANZHOF (Abkürzung)
    GrEStG   -- GRUNDERWERBSTEUERGESETZ

```
NIESSBRAUCHRECHT    --   NIESSBRAUCHSRECHT (Fugen-S)
EINNAHMEN-UEBERSCHUSS   --   EINNAHMENUEBERSCHUSS (Wortbindestrich)
```

Diese Schreibvarianten können bei STAIRS allein mit Hilfe der Synonymie-
Relation abgedeckt werden. Dadurch wird diese Funktion allerdings im
Hinblick auf ihre eigentlich semantische Aufgabe - nämlich bedeutungs-
mäßig eng verwandte Begriffe miteinander zu verknüpfen-:

```
(5)    EHEGATTEN              --   EHELEUTE (Synonymie)
       AUFZUG                 --   FAHRSTUHL
```

zumindest partiell umfunktioniert.

Im System GOLEM/PASSAT (Siemens) übernimmt - wie schon erwähnt - PASSAT
die Indexierung. Grundlage ist eine 'Vergleichswortliste', d.h. ein Wörterbuch, das alle in den zu bearbeitenden Texten (Dokumenten) vorkommenden Wortstämme (auch - bei unregelmäßigen Flexionsformen - Pseudostämme)
enthalten muß ('unbekannte Stämme' sind nicht zulässig); diesen Graphem-
folgen sind Angaben über zulässige Flexionsendungen, Fugenzeichen bei
der Komposition und eine 'Assoziationsmatrix' mitzugeben (wobei die Ma-
trix im allgemeinen - z.B. bei JURIS - allerdings nur zur Identifikation
von Stopwörtern, d.h. als Deskriptoren zu eliminierenden Wörtern, verwendet wird).

Außerhalb von PASSAT (im GOLEM-Thesaurus) sind dann noch verschiedene
Verknüpfungen von Deskriptoren (z.B. Synonymie) möglich. In PASSAT erfolgt also schon bei der Indexierung eine Reduktion von Wortformen auf
Grundformen, die Verträglichkeitsmarkierung für die Komposition wird
von einem Systembaustein zur Zerlegung von Komposita verwendet:

```
(6)    RECHTSCHUTZ           --   RECHT + SCHUTZ (?)
       KNAPPSCHAFTSRENTE     --   KNAPPSCHAFT + RENTE
```

Erwähnt werden muß allerdings, daß die Kompositazerlegung - da keine
semantischen Restriktionen eingebracht werden können - zu Ballast in
der Deskribierung eines Dokuments führen kann:

```
(7)    RINDERSTALL               --   RIND + ERST + STALL + ALL
       ABWEICHEN                 --   (AB) + WEICHEN (!)
       QUARTALSENDE              --   QUARTAL + SENDEN + ENDE
       PROZESSHANDLUNGEN         --   PROZESS + HANDLUNG + HAND + LUNGE
```

Während - wie die gegenwärtigen Systeme ausweisen - das Problem der Wort-
formen-Wortstamm-Reduktionen halbwegs gelöst erscheint, sind maschinelle
Verfahren mit <u>weitergehenden</u> linguistischen Analysen bislang nicht pro-
duktionsreif und gegenwärtig allenfalls in der Vorphase für Pilotanwen-
dungen einsetzbar. Im Folgenden soll anhand zweier ebenfalls in der Vorgehensweise unterschiedlicher Systeme, die in Deutschland in Entwicklung
sind, auf die für die nähere Zukunft (ca. 1980) zu erwartenden Möglichkeiten hingewiesen werden, einige der bislang noch unberücksichtigten
Komponenten der automatischen Sprachanalyse in ein produktionsreifes In-
dexierungs- und Retrievalverfahren zu integrieren. Dies betrifft vor allem die Einbeziehung des Kontexts, insbesondere im Rahmen der Syntax.
Das System CONDOR [2] hat zum Ziel, im Bereich der automatischen Indexierung vor allem folgende Probleme zu bewältigen (die zum Teil schon
angesprochen wurden):

a) die Flexions(endungs)bereinigung ('Lemmatisierung'),
b) die Reduktion von syntaktisch mehrfunktionalen Wortformen
   aufgrund des Kontexts im Satz (Homographenreduktion).

CONDOR wird daneben ein vollständiges Retrieval-System umfassen einschließlich Recherchefunktionen für formatgebundenes Retrieval. Hier be-
schränke ich mich auf den Teil der linguistischen Analyse, der größere
Möglichkeiten für einen praktischen Einsatz bieten wird [4].

(8)   <u>Homographie</u>:

    EHE   --   Konjunktion (... ehe er kommt ...)
                     Substantiv (... in der Ehe ...)

    EINIGEN   --   Indefinitpronomen (... mit einigen Gläsern)
                     Adjektiv   (... mit einigen Freunden)
                     Verb   (... wir einigen uns)

    LAUTEN   --   Verb (LAUTEN)   Die Fragen lauten ...
                     Subst. (LAUT)   Mit schrillen Lauten ist ...
                     Adj. (LAUT)   Mit lauten Schreien ...

    BILLIGEN   --   Verb (BILLIGEN)   Sie billigen es ...
                     Adj. (BILLIG)   Die billigen Äpfel ...

c) Kompositazerlegung (sinnvolle Einheiten).

Ausgangspunkt ist eine sogenannte 'Wortanalyse', in der die <u>potentiel-</u>
<u>len</u> syntaktischen Funktionen einer Wortform ermittelt werden sollen.
Dabei wird ein Funktionswörterbuch herangezogen, das alle in einer Sprache vorkommenden Partikelwörter (wie Konjunktionen, Präpositionen, Pronomina) als geschlossene Liste enthält. Um eine größtmögliche Wartungs-
freiheit zu gewährleisten, werden die Hauptwortklassen Verb, Substantiv,
Adverb und Adjektiv algorithmisch (über Graphemkombinationen) ermittelt.
Die sich an die Wortanalyse anschließende 'Homographenanalyse' versucht
in einer für ein <u>relativ</u> zuverlässiges Retrieval erforderlichen Exakt-
heit eine Vereindeutigung der syntaktischen Funktion eines potentiell
mehrdeutigen Wortes aufgrund der Wortumgebung im Satz zu erreichen.
Darauf baut dann einerseits eine syntaktische Strukturbeschreibung, andererseits die '<u>Lemmatisierung</u>' auf. Diese Lemmatisierung (die durch eine
zusätzliche Suffixanalyse auch wortklassenunabhängige Lemmata zu bilden
erlaubt) ist eine wesentliche Voraussetzung für die Vergabe der Deskriptoren.

Es liegt auf der Hand, daß mit einer <u>syntaktischen</u> Analyse bei weitem
nicht alle Probleme einer maschinellen Textaufbereitung gelöst werden
können. Dennoch stellt sie meines Erachtens einen ersten Schritt zur Behandlung der für ein intellektuell gesteuertes Retrieval so wichtigen
<u>semantischen</u> Verknüpfung von Wörtern dar. Bei CONDOR wird hierzu - auf
der Basis der lemmatisierten Einheiten (Wörter) - maschinell auf stati-
stisch-distributioneller Grundlage eine Art 'semantisches Netz' erstellt,
das dazu dient, dem Benutzer Hilfen bei der Auswahl von Deskriptoren
während des Retrieval-Prozesses anzubieten [2, 4].

Ein wesentliches Merkmal von CONDOR bildet der weitgehende Verzicht auf
ein informationsreiches Lexikon der deskriptorfähigen Wörter und damit
auch die Vermeidung einer aufwendigen zusätzlichen intellektuellen Vergabe lexikalischer Informationen. Dies soll zum Teil durch 'Lernalgo-
rithmen', die auf der textuellen syntaktischen und semantischen Information (Netz) aufbauen, automatisch (wartungsfreundlich) ausgeglichen werden. Beispielsweise wird auf explizite Angaben zum Valenzrahmen von Verben und zur semantischen Subklassifizierung von Nomina oder Adjektiven
verzichtet:

(9) BEZIEHEN$_1$ -- Nom (+hum) Akk (-abs, -bel)
                           OMA BEZIEHT EINE NEUE WOHNUNG

     BEZIEHEN$_2$ -- Nom (+hum) Akk (+abs)
                           ER BEZIEHT EINEN NEUEN STANDPUNKT

     BEZIEHEN$_3$ -- Nom (+hum) Akk (-abs, -bel) 'MIT' (-abs, -bel)
                           SIE BEZIEHT DAS BETT MIT LEINENTUECHERN

```
BEZIEHEN₄            --   Nom (+hum) Akk ('sich') 'auf' (±abs, ±hum)
                         ICH BEZIEHE MICH AUF DICH /
                         AUF DAS VERSPRECHEN
...
VERMESSEN            --   Nom (+hum) Akk (-abs, -bel)
                         DER SCHREINER VERMISST DEN TISCH

VERMISSEN           --   Nom (+bel) Akk (±abs, ±bel ...)
                         DER HUND VERMISST SEINEN HERRN
                         DAS KIND VERMISST ZAERTLICHKEIT
...
KIND                --   +hum ...
ZAERTLICHKEIT       --   +abs ...
VERSPRECHEN         --   +abs ...
...
```

Damit werden - zumindest bislang - Merkmale vernachlässigt, die gerade
im Hinblick auf eine syntaktische und semantische Disambiguierung nützlich sein können. Allerdings geht man bei CONDOR davon aus, solche Deskriptoren ggf. auf automatischem Weg - mit Hilfe des 'semantischen
Netzes' - ermitteln zu können.

Das zweite Verfahren, das hier vorgestellt werden soll - die 'Saarbrücker
automatische Textanalyse' (SATAN) - versucht die syntaktisch-semantischen
Vereindeutigungen mit Hilfe eines entsprechend vorstrukturierten maschinellen Lexikons zu erreichen. Diesem Konzept liegt also die Annahme
zugrunde, daß sich das allgemein- und auch das fachsprachliche Wissen,
vor allem was die Verknüpfbarkeit von Wörtern in einem Satz/Text anbe-
langt, zum Teil in einem Lexikon durch Merkmale repräsentieren (und damit intellektuell präkodieren) läßt. Diese Informationen sollen nicht
zur semantischen Interpretation eines Satzes/Textes verwendet werden
- dazu sind sie wohl noch zu sehr an der Oberfläche orientiert - , sondern werden benutzt zur Verbesserung der syntaktisch-semantischen Disambiguierung von Textwörtern.

Bei SATAN wird die Flexionskomponente - ähnlich PASSAT - mit Hilfe eines
Stammwörterbuches und der Angabe der zulässigen Endungen behandelt. Allerdings dienen diese Merkmale auch dazu, Angaben zur möglichen Konju-
gations- oder Deklinationsform eines Wortes zu erhalten:

```
(10)  HAUS              --   Nom/Dat/Akk Singular
      HAEUSER           --   Nom/Gen/Akk Plural
      DAS HAUS          --   Nom/Akk Singular
      Der HAEUSER       --   Gen Plural
```

Diese Informationen werden beim Parsing zur Kontrolle von Kongruenzen herangezogen. Die syntaktische Analyse berücksichtigt in erster Linie Wortstellungs- und Valenzrestriktionen, die sich zunächst auf die syntaktische Oberfläche beziehen. In einem zweiten Schritt werden dann feinere Merkmale herangezogen (vgl. (9)), in Zukunft sollen auch Relationen zwischen Wörtern (z.B. Hypernymie-Relation) erstellt und in den Beschreibungs- und Disambiguierungsprozeß eingebracht werden.

In Regensburg soll nun versucht werden, das Saarbrücker Verfahren in einem automatischen Indexierungsverfahren im Bereich der Rechtsdokumentation zu erproben.

Ausgangsmaterial ist das Steuerrecht (Judikate) sowie eine Sammlung von Texten zum EDV-Recht (Normen bzw. Normenentwürfe). Bei den Voruntersuchungen hat sich bereits gezeigt, wie notwendig in diesem Zusammenhang die Ermittlung mehrwortiger Ausdrücke ist.

```
(11)   KRAFT        --   IN/AUSSER KRAFT TRETEN
       BILLIGEN     --   NACH BILLIGEM ERMESSEN
       BEHALTEN     --   IM AUGE BEHALTEN
       WILLEN       --   WILLENS SEIN / UM ... WILLEN / ZU WILLEN SEIN ...
```

Obgleich das Saarbrücker System dazu ein Beschreibungs- und maschinelles Erkennungsverfahren aufweist, hat sich herausgestellt, daß die dort erfaßten rund 5ooo allgemeinsprachlichen 'festen Wendungen' für die Fachtextindexierung nicht ausreichen. Es gilt daher, diese Listen um die fachtextbezogenen Daten zu erweitern.

Des weiteren soll versucht werden, bei der Indexierung nicht - wie noch im Saarbrücker Verfahren vorgesehen - die Wortklassengrenze bei der Wortformenzuordnung beizubehalten, sondern - soweit sinnvoll - z.B. eine Abbildung von Verben auf entsprechende Nomina u.ä. durchzuführen. Erfahrungen bei der Untersuchung typischer Retrieval-Fragen bei JURIS haben nämlich deutlich werden lassen, daß die Nomina bei <u>Suchfragen</u> bevorzugt werden. Dagegen zeigt die Untersuchung der beiden juristischen Fachtext-Bereiche, daß die Verbformen (und die daraus abgeleiteten Partizipien) einen durchaus relevanten Anteil <u>im Text</u> besitzen. Ein großes Problem stellt die automatische Zerlegung der Komposita in <u>für ein Retrieval relevante</u> Bestandteile dar. Dazu gibt es bislang keine zufriedenstellenden, praktisch erprobten automatischen Verfahren (obwohl Versuche dazu an

den verschiedensten Stellen vorliegen). Der lexikalische Ansatz erlaubt
es nun, solche sprachlich bzw. fachsprachlich sinnvollen Zerlegungen bereits im Lexikon vorzugeben (Ein Teilproblem - die Bewältigung der 'Augen-
blickskomposita' bleibt dadurch natürlich noch offen. Hier können provi-
sorische Algorithmen eingreifen bzw. die Lexikonerweiterung unterstützen).
Normalerweise setzt die Markierung von Kompositionselementen einen intellektuellen Aufwand voraus, der sich aber durch bessere Retrieval-Er-
gebnisse rechtfertigt.

Man wird sich in der Zukunft wohl verstärkt der Frage widmen müssen, inwieweit - und in welchen Bereichen - eine Automatisierung in der Klar-
textdokumentation noch intellektuellen Aufwand sowohl des Sachbearbei-
ters/Fachmanns als auch (etwa bei der Präkodierung der Texte) eines
'Textbearbeiters' oder 'Textorganisators' erfordert, der um die kriti-
schen (auch linguistisch problematischen) Systemkomponenten weiß und
entsprechende systemunterstützende Markierungen vornimmt.

Es bleibt dabei abzuwarten, ob sich der sicherlich wartungsfreundliche
prozedurale Ansatz von CONDOR in der Praxis bewähren wird und wo gegebenenfalls seine Grenzen sein werden. In bezug auf eine ökonomische Betrachtung wird der lexikalistische Ansatz - wie im Saarbrücker Verfahren - sicher noch manche Nachteile aufweisen, doch bildet dieser Weg
meines Erachtens gegenwärtig eine solide Basis für ein zukunftsorientier-
tes Indexierungssystem. Es ist vielleicht zu erwarten, daß sich auf längere Sicht ein Kompromiß zwischen (automatisch lernenden) prozedurorien-
tierten und lexikonorientierten Verfahren ergeben wird: soviel intellek-
tueller Aufwand wie nötig, soviel Automatisierung wie möglich. Bei der
Komplexität der natürlichen Sprache werden wir uns wohl trotz einiger
Möglichkeiten in der automatischen Sprachverarbeitung noch für einige
Zeit darauf einrichten müssen, den Computer durch extensive Präkodierung
der Texte, lexikalische Information und gegebenenfalls Interaktionen
während der Verarbeitung zu unterstützen, wenn wir auch nur halbwegs
gute Ergebnisse erwarten wollen.

Daher sei zum Abschluß noch einmal auf das Eingangszitat verwiesen und
auch seine Fortsetzung zitiert: "Ein Computer versteht keine Ironie. Er
verfügt auch nicht über das entsprechende Weltwissen, Situationswissen,
Textwissen. Man müßte es ihm vermitteln. Ob das gelingt, ist fraglich,
aber nicht unwahrscheinlicher, als noch vor 5o Jahren die heutigen Computer erschienen wären".

LITERATUR

[1] AMMON, R. v.: Erste Ergebnisse einer Analyse zur Deskribierung
juristischer Dokumente mit Hilfe von PASSAT.
Arbeitspapier JUDO-A-03. (Regensburg Nov. 1976).

[2] BANERJEE, N.: Verwendung der natürlichen Sprache im Dialogverkehr mit Informationssystemen.
In: Matthöfer, H. (Hrsg.): Forschung aktuell. Datenverarbeitung (1976).

[3] KLEIN, W.: Organisation des Wissens durch die Sprache.
IBM-Nachrichten 27 (1977) 11 - 17.

[4] WIELAND, W.: Syntaktische und semantische Analyse natürlichsprachlicher Sätze im Projekt CONDOR.
(in diesem Band).

<u>USL - BENUTZERSPEZIFISCHE SPRACHEN</u>

R. Kogon, D. Lattermann, H. Lehmann, N. Ott, M. Zoeppritz

1   <u>ZIELE</u>

Datenabfrage, Dateneingabe und Datenmanipulation in natürlicher Sprache
ist für alle diejenigen von Interesse, die Daten auszuwerten haben, für
die Standardauswertungen nicht reichen oder zu teuer sind, und bei denen
sich der Programmieraufwand oder gar das Erlernen einer Programmiersprache nicht lohnen würde. Dieses Ziel ist in den letzten Jahren von verschiedenen Arbeitsgruppen mit unterschiedlichen Methoden angegangen und
mit jeweils anderen Einschränkungen erreicht worden.

Mit dem USL-System, USL für User Speciality Languages - Benutzerspezi-
fische Sprachen - das am Wissenschaftlichen Zentrum der IBM in Heidelberg entwickelt wird [11 - 16, 18], wird versucht, Deutsch als Befehls-
sprache für ein Datenbanksystem zu verwenden, ohne gleichzeitig den Inhalt der Datenbank festzulegen. Da es uns nicht realistisch erschien,
alle denkbaren Datenbankinhalte sprachlich verfügbar machen zu wollen,
haben wir auf die Darstellung anwendungsspezifischer Inhalte überhaupt
verzichtet. Das bedeutet, daß das System nur die Wörter kennt, die der
Benutzer zur Bezeichnung seiner Datenbankinhalte eingegeben hat, und daß
nur die Beziehungen zwischen Wörtern bestehen, die vom Benutzer eigens
hergestellt worden sind. Die Benutzung des Systems wird zeigen, inwieweit diese Sprache eine akzeptable Zwischenlösung darstellt.

Als Datenbanksystem wird eine Implementation des relationalen Modells,
das 'Peterlee Relational Test Vehicle' verwendet mit der dazugehörigen
Datenbanksprache ISBL. In USL werden Ausdrücke in natürlicher Sprache
in ISBL übersetzt und an das Datenbanksystem weitergegeben. Die Über-
setzungsmethode ist eine Erweiterung des REL-Systems (REL für Rapidly
Extensible Language [5, 8, 23]), das natürliche Sprache weitgehend wie
eine formale Sprache behandelt (siehe auch [9, 10]).

Dabei fungieren Präpositionen, Artikel, Datumsangaben und die Verben
HABEN und SEIN wie Schlüsselwörter einer Programmiersprache, deren Bedeutungen dem System bekannt sind. Ebenso bekannt ist die Bedeutung der
syntaktischen Konstruktionen. Demgegenüber werden Nomina, Verben und
Adjektive als Variablennamen behandelt, von denen nur der Datentyp, hier
die Wortklasse, bekannt ist. Zugrunde liegt die Annahme, daß die Bedeu-

tung der Funktionswörter und der syntaktischen Konstruktionen vom Anwendungsgebiet unabhängig ist, während die Bedeutung der übrigen Wörter von der Fachsprache abhängt, in der sie gebraucht werden. Im Zusammenhang mit einer gegebenen Datenbank identifizieren die verwendeten Nomina, Verben und Adjektive den Inhalt der Relationen, die durch sie angesprochen werden und werden nicht weiter analysiert. Als Namen verwendete Wörter bezeichnen Werte innerhalb einer Relation oder vom Benutzer definierte Variablen und Funktionen.

Wörter werden vom Benutzer eingegeben, wobei eine Hilfsroutine dafür sorgt, daß alle notwendigen Angaben gemacht werden. Damit werden dem Benutzer weder die Wörter selbst noch ihre Verwendung vorgeschrieben. Andererseits sind dem System keine Wörter bekannt, die der Benutzer nicht ausdrücklich definiert hat, und das kann zunächst ungewohnt und lästig sein [2].

2   DAS SYSTEM

Die Bildungsregeln, die der deutschen Sprache zugrundeliegen, sind als Grammatik in modifizierter Backus Normalform (BNF) im System enthalten. Die Beziehungen zwischen den Elementen im Satz, die durch die einzelnen Konstruktionen bezeichnet werden, also die Bedeutungen der Konstruktionen, sind durch PL/1-Routinen wiedergegeben. Jede Regel enthält den Namen der Interpretationsfunktion, die der Bedeutung der jeweiligen syntaktischen Konstruktion entspricht.

Es wurde versucht, dem Benutzer möglichst viele syntaktische Konstruktionen zur Verfügung zu stellen, da es bekanntlich leichter ist, eine neue formale Sprache zu lernen, als Restriktionen einer Sprache zu lernen, die man schon kann. Einige Beschränkungen haben ihre Ursache im Datenbanksystem. Bei den Quantoren konnten diese Beschränkungen teilweise aufgehoben werden; bei Formulierungen, die Relationen als Tupel von Relationen verlangen, sehen wir diese Möglichkeit nicht. In jedem Fall sollten für beantwortbare Fragen die üblichen strukturellen Varianten zur Verfügung stehen. Dabei war darauf zu achten, daß neben den Konstruktionen selbst auch alle verwendeten Kombinationen dieser Konstruktionen zur Verfügung stehen. Problematisch ist dabei zur Zeit noch die Kombination von koordinierten Nominalphrasen und Quantoren oder koordinierten Verbalphrasen im selben Satz:

> Haben zwei Manager 5 Mitarbeiter und 3 Sekretärinnen?
> Welche Mitarbeiter und welche Manager wohnen in Heidelberg und arbeiten in Frankfurt?

In dem ursprünglichen Konzept, wie es für REL entwickelt worden war,
wurden die Interpretationsfunktionen für jeden Baum von unten nach oben
nacheinander ausgeführt und das Resultat jeweils an die nächste Funktion
weitergegeben. Für die Interpretation von Quantoren, Negation und koordinierten Strukturen reicht dieses Verfahren nicht aus. Deshalb wurde das
Konzept modifiziert. Die Interpretationsfunktionen liefern nun nicht mehr
ein einfaches Resultat, sondern bauen sukzessiv eine Struktur auf, die
die Relationsnamen, die Spaltennamen und Werte enthält, die angesprochen
werden, aber auch eine Vielzahl von Informationen über die syntaktische
Funktion und den Skopus der einzelnen Elemente. Diese Struktur wird
satzweise rekursiv abgearbeitet.

3   DATENSICHT UND WORTDEFINITION

Die Bedeutung von Äußerungen ergibt sich normalerweise aus der Bedeutung
der Wörter, der Bedeutung der Konstruktionen und dem Wissen innerhalb
einer gegebenen Welt. Das Weltwissen, genauer, das Wissen über die Bedeutung und den Zusammenhang seiner Daten liegt bei USL nicht im System,
sondern wird beim Benutzer vorausgesetzt. Der Benutzer baut die Relationen
auf und definiert die Wörter, mit denen er sie ansprechen will, und gegebenenfalls Beziehungen zwischen ihnen. Diese Informationen werden durch
eine besondere Routine abgefragt, sie können aber auch direkt in formaler Syntax eingegeben werden. Innerhalb der Relationen entsprechen die
Spaltennamen den Argumenten des jeweiligen Wortes in der Sprache, z.B.
den regierten Präpositionen und Kasus und den verschiedenen Zeit- und
Ortsadverbialen.

Die meisten dieser Argumente sind für ein gegebenes Wort nicht obliga-
torisch, sondern hängen vom Kontext der Datenbank ab, in der sie verwendet werden sollen. So kann ein Wort wie LIEFERANT z.B. folgendermaßen
verwendet werden:

    Lieferant eines Produktes (von einem Produkt).
    Lieferant eines Produktes an eine Firma.
    Lieferant eines Produktes an eine Firma von Datum bis Datum.

Je nachdem, welche Information für eine bestimmte Anwendung von Interesse ist, enthält die Relation LIEFERANT zwei, drei oder fünf Spalten.
Entsprechend wird das Wort mit oder ohne Präposition und Zeitangaben
definiert.

Das System enthält eine verhältnismäßig aufwendige Zeitrechnung, die sowohl Angaben wie HEUTE, AM SONNTAG in das entsprechende Datum umrechnet, als auch WIELANGE-Fragen in der gewünschten Präzision aus Anfangs- und Endpunkt errechnet.

Zwischenergebnisse von Abfragen können in Variablen gespeichert werden. Es ist dann möglich, weitere Fragen über diese Variablen zu stellen, statt die Menge, über die gefragt wird, immer wieder zu erwähnen:

    uv=unverheiratete Mitarbeiter, die mehr als 3000 verdienen.
    Was ist das Geburtsdatum und die Adresse von uv?

Auch Funktionen können definiert werden. Damit können die einfachen arithmetischen Funktionen, die im System gegeben sind, nach den Bedürfnissen des Benutzers erweitert werden:

    f(x)='x**2-(x/100)'
    Was ist f(Gehalt der unverheirateten Mitarbeiter)?

Namen, die als Werte in Tupeln der Relationen auftreten, normalerweise Eigennamen, brauchen nicht definiert zu werden. Jede Zeichenkette, die dem System nicht bekannt ist, wird als Name behandelt. Wird ein Satz nicht verstanden, kann es daran liegen, daß ein Wort vergessen worden ist zu definieren. Deshalb druckt das System dann die Wörter aus, die es in der Analyse als Namen angenommen hat.

Die Datensicht, die im USL-System angenommen wird, entspricht nicht notwendigerweise der Form der Daten in der Datenbank. Die Relationen, die durch die Wörter angesprochen werden, können als virtuelle Relationen über einer einzigen großen Relation der Datenbank definiert sein, um Redundanz zu vermeiden. Auf die gleiche Weise können Beziehungen zwischen Wörtern vom Benutzer definiert werden. Wörter, die die gleiche Wortklasse haben, können durch einfache Wortdefinition gleichgesetzt werden. Bei unterschiedlicher Wortklasse wird eine virtuelle Relation definiert, wobei die Spaltennamen umbenannt werden. Diese Mechanismen könnten erweitert werden, um möglicherweise Bedeutungspostulate vom Benutzer einbringen zu lassen.

4   EVALUIERUNG

Bei der Entwicklung der Grammatik und Interpretation sind wir im wesentlichen von dem ausgegangen, was wir an Fähigkeiten für notwendig hielten

[1, 12], ergänzt durch das, was in der Literatur zu finden ist [3, 4, 6, 7, 17, 19 - 22, 24 - 29], durch Gespräche mit Fachleuten und durch die Wünsche der Initiatoren des Projekts. Es war zu prüfen, inwieweit die Annahmen, die das System über die Sprachen des Benutzers macht, dem Verhalten des Benutzers entsprechen.

Um die syntaktischen Fähigkeiten zu testen, haben wir verschiedene Datenbanken implementiert. Wir wollten sehen, ob die Fachsprache eines bestimmten Anwendungstexts Strukturen aufweist, die wir nicht vorgesehen hatten, oder ob Strukturen anders interpretiert werden sollten. Die Datenbanken enthalten Daten aus den folgenden Bereichen:

    Planung,
    Reifennormen,
    Geographie,
    Personal,
    Demoskopie,
    Straßenbau,
    Trivialliteratur,
    Energie.

Die Datenbank über Trivialliteratur wurde von K. Horländer implementiert, von ihm stammen auch die Wortdefinitionsroutinen. Die Datenbank über Straßenbau wurde von W. Sauermann implementiert.

Aus der Erfahrung mit den Datenbanken ergaben sich einige Verschiebungen. Strukturen, die wir für selten gehalten hatten und deshalb zunächst nicht implementiert hatten, traten häufiger auf, als die implementierte Variante. Auch hatten wir die Implementierung von Pronomina nicht für sehr dringlich gehalten. Wir nahmen an, daß sie hauptsächlich zur Referenzierung vorangegangener Fragen und Antworten verwendet würden. Diese Fähigkeiten hatten wir dadurch gegeben, daß Ergebnisse aus früheren Fragen in Variablen gespeichert werden können, so daß die Einführung von Pronomina nur eine zusätzliche Bequemlichkeit schaffen würde, für die der Aufwand zunächst nicht gerechtfertigt schien. Für Possessivpronomen hat sich herausgestellt, daß Informationen gebraucht werden, die gar nicht ohne die Interpretation, die Possessivpronomen zugrundeliegen, erfragt werden können:

    Welche Mitarbeiter verdienen mehr als ihre Kollegen?

Um die Übertragbarkeit von Syntax und Semantik zu prüfen, haben wir je eine englische, holländische und spanische Version der Sprache implementiert. Dafür haben wir die für das Deutsche entwickelte Syntax adaptiert und das Vokabular geändert. Die Anpassung betraf hauptsächlich die Abschnitte, die mit Artikel, Flexionsendung und Verbstellung zu tun haben. Kleinere Änderungen kamen aus den unterschiedlichen Arten, Datumsangaben zu schreiben.

Die Interpretationsfunktionen und die Datenbanken blieben für alle Versionen gleich, und bis jetzt scheinen sich daraus keine falschen Antworten zu ergeben.

Wir hoffen, daß sich der Benutzerkreis von USL erweitert, denn erst eine Vielfalt von Anwendungen und Problemstellungen macht Aussagen über die Brauchbarkeit des Systems möglich.

5 BEISPIELE AUS DER PERSONALDATENBANK

Die Eingabe erscheint in Kleinbuchstaben, die Ausgabe in Großbuchstaben.

```
welche unverheirateten mitarbeiter wohnen in heidelberg?
  MITARBEITER
  =========-------------------------------------------------------
  FRIEDRICH
  KOENIG
?
welche in heidelberg wohnenden mitarbeiter sind unverheiratet?
  MITARBEITER
  =========-------------------------------------------------------
  FRIEDRICH
  KOENIG
?
welches sind die mitarbeiter, die unverheiratet sind und in heidelberg
wohnen?
  MITARBEITER
  =========-------------------------------------------------------
  FRIEDRICH
  KOENIG
?
uv=unverheiratete mitarbeiter, die in heidelberg wohnen

OK
?
welche uv gibt es?
  UV
  =========-------------------------------------------------------
  FRIEDRICH
  KOENIG
?
was ist das durchschnittsgehalt von uv?
     3370
?
haben alle mitarbeiter adresse, geburtsdatum und gehalt?
     1. JA          2. JA          3. NEIN
  ?
```

welcher mitarbeiter hat kein gehalt?

  MITARBEITER

  SCHMIDT
?
welche mitarbeiter benötigen eine sekretaerin?

  MITARBEITER

  BRAUN
  LEHMANN
?
welcher mitarbeiter hat eine sekretaerin und benoetigt keine sekretaerin?

  MITARBEITER

  MEIER
?
wer ist die sekretaerin von meier?

  SEKRETAERIN

  KRAUSE
?
krause ist die sekretaerin von lehmann.

OK
?
wer hat welche sekretaerin?

  SEKRETAERIN   PERSON

  KRAUSE   LEHMANN
  KRAUSE   MEIER
  MUELLER   BAUER
?
wer ist sekretaerin von 2 mitarbeitern?

  SEKRETAERIN

  KRAUSE
?
wer benötigt seine sekretaerin?

  MITARBEITER

  LEHMANN

<u>LITERATUR</u>

[1] BATORI, S., et al.: LIANA - Ein deutschsprachiges Frage-Antwort-
     System.
     ITL 30 (1975).

[2] BRECHT, LAU, LUTZ: How to Restrict German as a Dialogue in a
     Natural-language Based Problem-solving System: Pragmatic, Syntac-
     tic and Semantic Reasons.
     Fourth International Congress on Applied Linguistics. Stuttgart 1975.

[3] BRUCE, B.C.: A Model for Temporal References and Its Application
     in a Question Answering Program.
     Artifical Intelligence 3 (1972) 1.

[4] CODD, E.F.: Seven Steps to Rendezvous with the Casual User.
     IBM Research Report RJ 1333 (Nr. 20842), January 1974.

[5] DOSTERT, B.H., THOMPSON, F.B.: The Syntax of REL English.
     REL Report No. 1. Pasadena 1971. California Institute of Technology.

[6] HELBIG, G., BUSCHA, J.: Deutsche Grammatik. Ein Handbuch für den Ausländerunterricht.
(Leipzig: VEB Verlag Enzyklopädie 1974).

[7] ISNER, D.W.: An Inferential Processor for Interacting With Biomedical Data Using Restricted Natural Language.
AFIPS 40 (1972).

[8] KAY, M.: Experiments With a Powerful Parser.
Second International Conference on Computational Linguistics, Grenoble, August 1967.

[9] KRÄGELOH, K.D., LOCKEMANN, P.C.: Hierarchies of Data Base Languages: An Example.
Information Systems 1 (1975).

[10] KRÄGELOH, K.D., LOCKEMANN. P.C.: Ein schichtenweise aufgebautes Datenbanksystem mit natürlicher Zugriffssprache.
Dissertation. Universität Karlsruhe 1976.

[11] LEHMANN, H.: The USL Project - Its Objectives and Status.
Proceedings of the Bari Conference on Relational Data Bases 1976.

[12] LEHMANN, H., ZOEPPRITZ, M.: Language Facilities of USL/German. Version II.
Heidelberg Scientific Center, TN 75.01.

[13] LEHMANN, H., ZOEPPRITZ, M.: Grammar Rules For German. Version II.
Heidelberg Scientific Center, TN 75.02.

[14] LEHMANN, H., OTT, N.: Interpretation Routines For German Grammar Rules.
Heidelberg Scientific Center, TN 75.03.

[15] LEHMANN, H., ZOEPPRITZ, M.: Partition of German Grammar.
Heidelberg Scientific Center, TN 75.05.

[16] LEHMANN, H., ZOEPPRITZ, M.: Grammar Rules With Examples.
Heidelberg Scientific Center, TN 75.06

[17] MYLOPOULOS, J., et al.: TORUS - A Natural Language Understanding System for Data Management.
Proc. 4th Int. Joint Conf. on Art. Intelligence, September 1975.

[18] OTT, N.: Problems in the Interpretation Process of the USL System.
Heidelberg Scientific Center, TN 76.03.

[19] PALME, J.: Making Computers Understand Natural Language.
FOAP Rapport C 8257-11(64), Stockholm, Juli 1970.

[20] PLATH, W.J.: Transformational Grammar and Transformational Parsing in the REQUEST System.
Proc. 1973 Intern. Conf. on Comp. Linguistics, Pisa 1973.

[21] SIMMONS, R.F.: Natural Language Question-Answering Systems.
CACM 13 (1970) 15.

[22] SPARCK JONES, K., KAY, M.: Linguistics and Information Science.
(New York: 1973).

[23] THOMPSON, F.B., LOCKEMANN, P.C., DOSTERT, B.H., DEVERILL, R.S.:
REL: A Rapidly Extensible Language System.
Proc. 24th National ACM Conference, New York, August 1969.

[24] WALKER, D.E.: Automated Language Processing. In: CUADRA, C.A. (ed.):
Annual Review of Information Science and Technology 8,
AFIPS, Washington 1973.

[25] WINOGRAD, T.: Procedures as a Representation For Data in a Computer Programm For Understanding Natural Language.
(Cambridge, Mass.: MIT 1971).

[26] WOODS, W.A.: Semantics For a Question-answering System.
      Cambridge, Mass.: The AIKEN Computation Laboratory, Harvard Univ.
      1967

[27] WOODS, W.A., et al.: The Lunar Sciences Natural Language Informa-
      tion System: Final Report.
      (Cambridge, Mass..: BB&N 1972).

[28] WULZ, H.: ISLIB - Ein Informationssystem auf linguistischer Basis.
      Institut für Deutsche Sprache, vervielf. 1975.

[29] WULZ, H., et al.: Vorhabenbeschreibung zum Vorhaben Problemlösendes
      Informationssystem mit Deutsch als Interaktionssprache (PLIDIS).
      Institut für Deutsche Sprache, vervielf. August 1975.

DIE RECHNERUNTERSTÜTZTE ERSTELLUNG VON

NEUROLOGISCHEN KRANKENGESCHICHTEN

B. Hofferberth

1   EINLEITUNG

Es wird ein Programm beschrieben, das zur Erstellung von Vorgeschichte
und Aufnahmebefund mit Hilfe einer EDV-Anlage in einer Neurologischen
Klinik dient. Als Besonderheit und als noch gering verbreitetes Verfahren wird die direkte Eingabe am Terminal durch den Arzt selber angesehen.
Die jeweilige Vorgeschichte des Patienten und die bei der körperlichen
Untersuchung erhobenen Befunde werden im Klartext eingegeben, Normalbefunde werden nur mit einem Tastendruck markiert. Das Programm setzt dann
aus den eingegebenen pathologischen Befunden und den gespeicherten Textbausteinen für die Normalbefunde die ausführliche Krankengeschichte zusammen.

2   MATERIAL UND METHODE

Nach der Aufnahme und der Untersuchung eines Patienten in der Klinik wird
von dem behandelnden Arzt das Programm aufgerufen und im Dialog-Verfahren
abgearbeitet. Die individuellen Daten des Patienten (Name, Adresse, Tag
der Aufnahme und Hausarzt) sowie die Vorgeschichte (jetzige Anamnese,
frühere Anamnese, soziale Anamnese) werden eingegeben, wobei eine beliebige Zahl von Records mit jeweils 72 alphanumerischen Zeichen beschrieben
werden kann. Mit der Frage "Normale Familienanamnese? (Ja/Nein)" beginnt
der Dialog, der nach dem Ja-Nein-Prinzip aufgebaut ist. Wird die Frage
bejaht, so geht das Programm zur nächsten Frage über, und in dem Ausdruck
erscheint unter Familienanamnese ein Standardtext einer normalen Familienanamnese. Wird die Frage verneint, so kann wiederum beliebig viel
Klartext über die in der Familie erblichen Erkrankungen eingegeben werden. Nach dem gleichen Prinzip folgen 37 weitere Fragen, die sich auf
die Gewohnheiten des Patienten und auf das Ergebnis der neurologischen
und psychiatrischen Untersuchung beziehen.

Das Programm ist in FORTRAN für ein PDP-10-System und in MUMPS für ein
PDP-11-System geschrieben. Der Speicherplatz des compilierten Programms

und der temporären Datei mit den Markierungen der Normalbefunde und den
eingegebenen pathologischen Befunden beträgt ca. 8 K Worte. Zur Eingabe
dienen in den Arztzimmern aufgestellte Teletype-Maschinen. Das Erstellen
einer Krankengeschichte dauert im Durschnitt etwa 15 Minuten (siehe
Bild 1).

```
→VIII. H.N. O.B. ? (1/9)
  9
                        !
                        GEHOER FUER FLUESTER SPRACHE REGELRECHT UND SEITEN-
                        GLEICH.
                        DEUTLICHE FALLNEIGUNG NACH LINKS.
  //


→ IX. - XII. H.N. O.B. ? (1/9)
  !


→ REFLEXE O.B. ? (1/9)
  9
                        !
                        GERINGE BER\R\TONUNG DER MUSKELEIGENREFLEXE, LINKS.
                        KEINE PATHOLOGISCHEN REFLEXE.
  //


→ MOTORIK O.B. ? (1/9)
  !


→ SENSIBILITAET O.B. ? (1/9)
  !


→ KOORDINATION O.B. ? (1/9)
  9
                        !
                        GERINGE DYSMETRIE BEIM FINGER-NASEN- UND KNIE-HACKEN
                        VERSUCH, RECHTSSEITIG.
  //


→ TAXIE O.B. ? (1/9)
  9
                        !
                        NICHT SICHER PRUEFBAR, DA DAS LAUFEN FAST UNMOEGLICH
                        IST. FALLNEIGUNG NACH LINKS, DIE SICH BEI GESCHLOS-
                        SENEN AUGEN NOCH VERSTAERKT.
  //


→ EXPL. UNAUFFAELLIG ? (1/9)
  !


→ V.D.
  CEREBELLAERE METASTASE EINES BEKANNTEN BRONCHIAL-CA.
  //


→ ARZTCODE:
  2638

→ END OF EXECUTION
  CPU TIME: 4.44  ELAPSED TIME: 18:15.98
  EXIT
```

Bild 1: Ausschnitt aus dem Eingabeprotokoll. Die mit einem Pfeil gekennzeichneten Zeilen sind Anfragen des Programms. Die "1" steht
für Ja, die "9" steht für Nein. Eine Texteingabe wird jeweils
mit zwei Schrägstrichen ("//") beendet

3   ERGEBNISSE

Die aus den Textbausteinen automatisch zusammengesetzte Krankengeschichte wird auf dem Schnelldrucker im Rechenzentrum der Klinik ausgegeben.
Die erste Seite (siehe Bild 2) enthält als Kopf den Kliniknamen und die
Identifikationsdaten des Patienten. Die zweite Seite (siehe Bild 3) enthält die Anamnese und Angaben über die Gewohnheiten des Patienten und die
bisher verabreichten Medikamente. Auf der dritten Seite (siehe Bild 4)

KREISKRANKENHAUS HERFORD

NEUROLOGISCHE KLINIK

(CHEFARZT:PRIV.DOZ.DR.MED. GOTTSCHALDT)

MUELLER, MANFRED: * 23.3.1912
4900 HERFORD, ALTER MARKT 8
29.11.1976
DR. MEIER, 4900 HERFORD ELVERDISSEN, FELDSTR. 78

Bild 2: Erste Seite der Krankengeschichte. Sie enthält den Kliniknamen, die Identifikationsdaten des Patienten, das Aufnahmedatum und den Hausarzt

VORGESCHICHTE

JETZIGE ANAMNESE:
DER PATIENT WURDE IM SEPTEMBER 1976 AUF DER STATION 8 A (CHIRURGIE)
WEGEN EINES BRONCHIAL-CA BEHANDELT. EINE OPERATION WAR NICHT DURCHFUEHR-
BAR. DER PATIENT ERHIELT INSGESAMT 18 AMBULANTE BESTRAHLUNGEN DES TUMORS
IN DER RADIOLOGISCHEN KLINIK DES HAUSES.
IN DEN LETZTEN FUENF TAGEN SEI BEIM STEHEN EIN ZUNEHMENDES SCHWANK-
SCHWINDELGEFUEHL AUFGETRETEN, ZUSAETZLICH BESTEHE EINE HEFTIGE FALL-
NEIGUNG NACH LINKS. DAS GEHEN SEI KAUM NOCH MOEGLICH. UEBELKEIT ODER ER-
BRECHEN SIND NICHT AUFGETRETEN.

FRUEHERE ANAMNESE:
UEBLICHE KK. SONST BISHER NIE ERNSTHAFT KRANK GEWESEN.

SOZIALE ANMNESE:
DER PATIENT IST VERHEIRATET UND LEBT ZUSAMMEN MIT SEINER FRAU IN EINEM
EIGENEN HAUS. ER IST SEIT 1974 BERENTET. FINANZ. ODER SOZ. PROBLEME WER-
DEN AUF BEFRAGEN NEGIERT.

FAMILIENANAMNESE:
BEIDE ELTERN LEBEN. IN HINSICHT AUF DIABETES, BLUTHOCHDRUCK, CARCINOM,
NERVEN- ODER GEMUETSKRANKHEITEN KEINE FAMILIAERE BELASTUNG.

GEWOHNHEITEN:
----
20 PFEIFEN/TAG
 2 BIER/TAG
? X 1 NOVODIGAL

Bild 3: Zweite Seite der Krankengeschichte. Sie enthält die Vorgeschichte und die Angaben über die Gewohnheiten des Patienten

```
BEFUND
------

ALLGEMEIN:

RR 120/ 80 , PULS  64/MINUTE.
PAT. IN GUTEM AZ UND EZ. KEINE OEDEME, KEINE TASTBAREN LYMPHKNOTEN.
AN HALS, SCHILDDRUESE, KNOECHERNEM THORAX, HERZ, LUNGE, ABDOMEN
UND UROGENITALSYSTEM KEIN PATHOLOGISCHER BEFUND, ALLE PERIPHEREN
PULSE TASTBAR.


NEUROLOGISCH:

KOPF:              KOPF IN FORM, GROESSE UND BEWEGLICHKEIT NORMAL. DIE
                   CALOTTE IST WEDER DRUCK- NOCH KLOPFDOLENT. NAP FREI.

I.:                GERUCH FUER AROMATISCHE STOFFE SEITENGLEICH UNAUF-
                   FAELLIG.
II.:               VISUS BEIDERSEITS NORMAL. GESICHTSFELDER FINGERPE-
                   RIMETRISCH UNAUFFAELLIG.
III., IV., VI.:    BULBUSMOTILITAET INTAKT, PUPILLEN SEITENGLEICH RUND,
                   MITTELKEIT MIT AUSREICHENDER REAKTION AUF LICHT UND
                   CONVERGENZ, KEIN NYSTAGMUS.
V.:                SEITENGLEICH UNAUFFAELLIG, SENSIBLE UND MOTORISCHE
                   INNERVATION INTAKT.
VII.:              INNERVATION DER MIMISCHEN MUSKULATUR UNAUFFAELLIG,
                   GESCHMACK AUF DEN VORDEREN 2/3 DER ZUNGE REGELRECHT.
VIII.:             *GEHOER FUER FLUESTER SPRACHE REGELRECHT UND SEITEN-
                   GLEICH.
                   DEUTLICHE FALLNEIGUNG NACH LINKS.
IX. - XII.:        CAUDALE HIRNNERVEN INTAKT.

REFLEXE:           *GERINGE BETONUNG DER MUSKELEIGENREFLEXE, LINKS.
                   KEINE PATHOLOGISCHEN REFLEXE.

MOTORIK:           AKTIVE UND PASSIVE BEWEGLICHKEIT ALLER EXTREMITAE-
                   TEN UNAUFFAELLIG. KEINE PARESEN.

SENSIBILITAET:     OBERFLAECHEN- UND TIEFENSENSIBLE  REIZE KUENNEN UBI-
                   QUITAER SICHER ERKANNT UND DISKRIMINIERT WERDEN.

KOORDINATION:      *GERINGE DYSMETRIE BEIM FINGER-NASEN- UND KNIE-HACKEN
                   VERSUCH, RECHTSSEITIG.

TAXIE:             *NICHT SICHER PRUEFBAR, DA DAS LAUFEN FAST UNMOEGLICH
                   IST. FALLNEIGUNG NACH LINKS, DIE SICH BEI GESCHLOS-
                   SENEN AUGEN NOCH VERSTAERKT.


PSYCHISCH:

BEWUSSTSEINSKLARER, ZEITLICH, OERTLICH UND AUTOPSYCHISCH ORIENTIERTER
PATIENT OHNE ZEICHEN FUER HIRNLEISTUNGSSCHWAECHE, EIN ORGANISCHES PSY-
CHOSYNDROM ODER HIRNWERKZEUGSTOERUNGEN. DAS VERHALTEN IST SITUATIONS-
ADAEQUAT, ZUGEWANDT UND HOEFLICH.

VERDACHTSDIAGNOSE:
CEREBELLAERE METASTASE EINES BEKANNTEN BRONCHIAL-CA.

30-NOV-76                              DR. HOFFENHEIM
```

Bild 4: Dritte Seite der Krankengeschichte. Sie enthält die erhobenen
Befunde. Pathologische Befunde sind mit einem ' * ' gekennzeichnet

```
! ! OPERATORMELDUNG ! !

BITTE UNTER ERHALTUNG DES LINKEN PERFORIERTEN RANDES

DIN A4 ZUSCHNEIDEN.



KRANKENGESCHICHTE BITTE VERTRAULICH BEHANDELN
UND SOFORT AN FOLGENDE STELLE SCHICKEN:

STATION 3 B, ROHRPOST 713
```

Bild 5: Letzte Seite des Ausdrucks. Sie enthält die für den Operator
notwendigen Informationen

werden die erhobenen Befunde aufgelistet. Pathologische Befunde im Neuro-
Status werden automatisch mit einem '*' gekennzeichnet. Die letzte Seite
(siehe Bild 5) trägt die Meldung für den Operator, auf welche Station
die Krankengeschichte zu verschicken ist. Die richtige Station und auch
die Unterschrift unter der Krankengeschichte ergibt sich aus dem eingegebenen Arztcode. Die mit Hilfe der elektronischen Datenverarbeitungsan-
lage erstellte dreiseitige Krankengeschichte verbleibt als Dokument im
Krankenblatt des Patienten.

4   DISKUSSION

Der größte Teil der heute in den Kliniken erstellten Krankengeschichten
besteht aus handgeschriebenem Klartext in relativ unstrukturierter und
oft unleserlicher Prosa. Die handgeschriebene Krankengeschichte geht auf
eine Zeit zurück, in der die Betreuung des Patienten eine Angelegenheit
der individuellen Arzt-Patienten-Beziehung war. Schon bei der Betreuung
des Patienten durch mehrere spezialisierte Untersucher ist ihr Wert weitgehend hinfällig [1] . Sollen die in den Krankenblättern festgehaltenen
Angaben zur Anamnese und zum Aufnahmebefund Ausgangsmaterial für wissen-
schaftliche Arbeiten darstellen, so erweist sich dies wegen der Unleser-
lichkeit, der Lückenhaftigkeit und vieler Fehler oft als problematisch.
In keinem angemessenen Verhältnis zur Auswertung steht die von jedem
Arzt für die Erstellung des Krankenblattes aufgewendete Arbeitsleistung
[2] . Bei dem Versuch, mit Hilfe von elektronischen Datenverarbeitungs-
anlagen das Schreiben von Krankengeschichten zu vereinheitlichen, haben
sich in den letzten Jahren zwei Linien herausgebildet. Die eine Möglichkeit ist, Vorgeschichte und Befund konventionell zu erheben und die Daten dann auf einem Beleg festzuhalten. Dabei findet dann entweder eine
Codierung Anwendung oder es wird ein Markierungsbeleg benutzt, der direkt
maschinenlesbar ist [2] . Die andere Möglichkeit sieht - zumindest für
die Erhebung der Anamnese - den direkten Dialog zwischen Rechner und Patient vor. Der Patient beantwortet vom Programm gestellte Fragen mit
"Ja", "Nein" oder "Weiß nicht" [3] .

Unter den verschiedenen Möglichkeiten der automatischen Anamnese- und Be-
funderhebung ist die direkte Eingabe der Daten durch den Arzt, die wir
praktizieren, noch die am wenigsten verbreitete Methode. Folgende Punkte
sind als Voraussetzung anzusehen:

- Einfachheit in der Handhabung nach kurzer Einarbeitungszeit ohne
  Vorkenntnisse in der EDV.

- Logischer Aufbau des Dialogs in Anlehnung an den Untersuchungsgang
  des Arztes.
- Es darf im Vergleich mit der herkömmlichen Aufzeichnung von Krankengeschichten für den Arzt kein zusätzlicher Zeitaufwand entstehen.
- Das Eingabe-Terminal muß direkt am Arbeitsplatz des Arztes vorhanden sein.

In der täglichen Klinik-Routine hat sich das beschriebene System gut be-
währt. Nach einer Einarbeitungszeit von einer Stunde konnte es von jedem
Arzt bedient werden. Jeder Arzt wurde einzeln in der Handhabung unterwie-
sen. Bei der Aufnahme eines Patienten muß eine vollständige Untersuchung
durchgeführt werden, da das Programm jeden Abschnitt einzeln abfragt. So
wird direkt auch die Qualität der medizinischen Arbeit beeinflußt. In der
gesamten Klinik entstehen so einheitliche, gut lesbare und vollständige
Krankengeschichten. Die Kennzeichnung der pathologischen Befunde mit einem '*' hat sich als vorteilhaft erwiesen, da man auch als nicht direkt
behandelnder Arzt mit einem Blick die wesentlichen krankhaften Befunde
des Patienten erfaßt. Die geschilderten Vorteile und die Tatsache, daß
der Zeitaufwand zur Erstellung einer Krankengeschichte nicht größer ist
als für das konventionelle Schreiben mit der Hand, bewirkte auch bei den
der EDV gegenüber skeptisch eingestellten Ärzten einen positiven Effekt
und die regelmäßige Benutzung des Systems.

LITERATUR

[1] BARNETT, G.O., GREENES, R.A., GROSSMANN, J.H.: Computer Processing
    of Medical Text Information.
    Meth. Inform. Med. 8 (1969) 177 - 182.

[2] EHLERS, C.T.: Direkte maschinelle Erfassung von Krankenblattdaten.
    Meth. Inform. Med. 6 (1967) 108 - 115.

[3] MAYNE, J.G., WEKSEL, W., SHOLTZ, P.N.: Toward Automating the Medical
    History.
    Mayo Clinic Proceedings 43 (1968) 1 - 25.

W. Küsel

1 ANWENDUNG DES AG-THESAURUS MIT DEM SYSTEM PAS

Im Jahre 1972 wurde an der Medizinischen Hochschule Hannover das Pathologie-Befund-System, PBS [10] , in den Routinebetrieb des Pathologischen Instituts übernommen und zur Erfassung aller Befundberichte im cytologischen und histologischen Labor eingesetzt. Bei der Konzipierung dieses Systems war eine Auswertung der Daten vorgesehen, und die Entscheidung fiel zugunsten eines Verfahrens der Klartextverarbeitung, da dieser Weg bei der stark kumulierenden Datenmenge - die Zahl der Befundprotokolle hat sich seit 1972 auf inzwischen 70.000 im Jahre 1976 verdoppelt - am günstigsten erschien. Da zu diesem Zeitpunkt kein brauchbares Verfahren erhältlich oder in Aussicht war, mußte ein eigenes System entwickelt werden. Durch die Verwendung des AGK-Thesaurus (Arbeitsgemeinschaft für Klartextanalyse, [9]) als Basis für dieses System - er ist hierarchisch geordnet und enthält Synonymverknüpfungen und die Möglichkeit der Implikationserschließung und repräsentiert den Wortschatz des Pathologen im deutschen Sprachbereich am besten -, ist das Verfahren grundsätzlich vorgezeichnet: die wortweise Encodierung des Befundtextes.

Schon bei den ersten Versuchen im Jahre 1973 trat das Problem auf, die Datenqualität durch die Korrektur der vielen Schreibfehler zu verbessern. Hier war eine Korrekturvereinfachung erforderlich, die dem Anwender, der mit der Routineerfassung seiner Daten ausgelastet ist, entscheidende Hilfe durch das System bietet.

Die in der Medizin oft anzutreffende Abneigung gegen einen Einsatz der elektronischen Datenverarbeitung verlangt ein Konzept, das sich primär an den Wünschen des Anwenders orientiert und im Gebrauch keine zusätzlichen Kenntnisse erfordert. Wie bei der Erfassung, soll auch bei der Auswertung der Klartext das wesentliche Kommunikationsmittel darstellen.

Restriktionen von Seiten des Rechenzentrums (Kostenfaktor) machen in programmiertechnischer Hinsicht eine Lösung erforderlich, die die Daten auf kostengünstigen Speichermedien verwaltet. Diese Forderung ergibt sich auch aus der schon erwähnten stark kumulierenden Datenmenge.

Ein System mit Direktzugriff auf alle Befunde stand somit nicht mehr zur Diskussion.

Das PAS (Pathologiebefund-Auswertungs-System) stellt als Ergebnis dieser Überlegungen und Forderungen ein Verfahren zur Verfügung, das in den vergangenen Jahren für verschiedene Projekte eingesetzt wurde.

Eine Übersicht über das Gesamtsystem vermitteln die Bilder 1 und 2: Im Teil A (siehe Bild 1) erfolgt die Verarbeitung formatierter Klartextprotokolle bis zum Erstellen standardisierter (encodierter) Protokolle, die dann für Auswertungen verwendet werden können. Teil B (siehe Bild 2) übernimmt die Interpretation der jeweiligen Frageketten für eine Auswertung und die Auswahl und Aufbereitung zutreffender Befundberichte und den Ausdruck der Ergebnisse.

Die einzelnen Schritte bis zur vollständigen Encodierung lassen sich wie folgt unterteilen:

1. Die Aufbereitung des Originaltextes (Elimination von Bindestrichen, Ersetzen von 'K' und 'Z' durch 'C').
2. Zerlegung in Einzelbegriffe (Worte, Satzzeichen, Zahlen).
3. Aufsuchen der Worte im Thesaurus und Einsetzen des entsprechenden Code.
4. Automatische Schreibfehlerkorrektur (siehe unten).
5. Hinzufügen der Zusatznotationen aus dem Thesaurus.
6. Semantische Satzaufbereitung.
7. Speicherung in standardisierter (encodierter) Form (nur die links stehenden Schlüssel werden mit Steuerparametern zur Satzlängenbezeichnung etc. gespeichert).

Der Aufbau eines standardisierten Protokolles ist aus Bild 3 ersichtlich: es existieren jeweils pro Befundbericht ein fixer Teil (Angaben zum Patienten und Einsender etc.) und ein variabler Teil (encodierter Klartext, in Bild 3 für die Abschnitte 'D' und 'E' eingetragen).

Bis zu sieben Klartextabschnitte pro Protokoll können nach unterschiedlichen Kriterien verarbeitet und später dann getrennt oder in der Gesamtheit ausgewertet werden. Bild 4 zeigt einen Ausschnitt aus einer Liste mit Diagnosesätzen im Originaltext (jeweils unten) und nach Encodierung, Hinzufügen der Zusatznotationen und Rückverwandlung in Klartext (jeweils oben) aus dem Projekt 'Mortalitätsstatistik Wien' [1,2] .

Wesentlicher Bestandteil des PAS ist ein Verfahren zur automatischen
Schreibfehlerkorrektur, das bereits an anderer Stelle veröffentlicht
wurde [3] und hier der Vollständigkeit halber kurz erläutert werden soll.

Begriffe aus dem Originaltext, die im Thesaurus nicht abgebildet sind
(im weiteren als 'Fehlworte' bezeichnet), können falsch geschrieben oder
noch nicht im Thesaurus eingefügt sein. Da ein großer Teil dieser Fehlworte auf einfache Schreibfehler zurückzuführen ist, lag es nahe, hier
nach Möglichkeiten zur Korrekturvereinfachung zu suchen. So wurde ein
Algorithmus entwickelt, der aus dem Gesamtwortschatz des Thesaurus in
Frage kommende Korrekturbegriffe aufsucht und je nach Wahrscheinlichkeit
der Übereinstimmung eine automatische Wortkorrektur vornimmt oder eine
Auswahlliste möglicher Korrekturen präsentiert.

Mehr als 80% der Schreibfehler fallen in die Gruppe der einfachen Fehler - ein Buchstabe falsch, ein Buchstabe fehlt oder ist zuviel, oder
zwei aufeinanderfolgende Buchstaben sind vertauscht. Derartige Fehlworte können korrigiert werden, wenn der richtige Begriff im Thesaurus
enthalten ist. Es wurde ein Verfahren gewählt, bei dem aus allen The-
saurusbegriffen empirisch die maximale Häufigkeit pro Buchstabe und Wort
ermittelt wurde und auf einem Bitstring entsprechend der geforderten
Verteilung für jeden Buchstaben unterschiedlich viele Positionen reserviert werden. Jedes Wort kann nun auf diesen Bitstring abgebildet werden, indem jeweils die dem Zeichen entsprechende Position auf 1 gesetzt
wird.

Ein weiterer Verarbeitungsschritt schließt sich an, um falsche Korrekturen auf ein Minimum zu beschränken. Als Beispiel seien die Worte
'ENANTHEM' und 'ENTNAHME' genannt, die identische Bitstrings aufweisen,
aber keinesfalls als gleichbedeutend gelten dürfen.

Die Bilder 5 und 6 zeigen Auszüge aus den Listen, wie sie der Pathologe
zur Kontrolle bzw. manuellen Korrektur erhält. Bild 7 gibt die Aufschlüsselung eines vom Korrekturverfahren verarbeiteten Jahrgangs wieder (Histologie 1973).

Zusätzlich zum hier gezeigten Verfahren der automatischen Fehlerkorrektur bzw. Korrekturunterstützung ist das Ergänzen oder Streichen in jedem Abschnitt bis auf die Wortebene herab möglich, jeder einzelne Begriff kann gezielt angesprochen und verändert werden.

2   AUSWERTUNG

Prinzipiell sind zwei Arten des Informations-'retrieval' möglich: Aufsuchen von Befunden, die definierte Kriterien erfüllen, oder statistische Auswertung des gesamten bzw. eines Teils des Patientengutes, wobei die Ausgabe in Form von Tabellen erfolgt. Die Formulierung der Auswahlkriterien kann weitgehend freitextlich gehalten und um vom Benutzer definierte Kürzel für die allgemeinen Angaben zum Patienten erweitert werden. Für die Verknüpfung mehrerer Begriffe zu logischen Frageketten stehen verschiedene Operatoren zur Verfügung. Einige Beispiele mit Erläuterungen sind in Bild 8 zusammengestellt.

In einem ersten Programmabschnitt werden die Frageketten zu einer Auswertung auf formale Fehler untersucht und dann in eine interne Darstellung konvertiert. Ein weiteres Programm überprüft dann sequentiell bei allen Protokollen, ob die definierten Frageketten erfüllt sind.

3   ANWENDUNG

Erste Auswertungen wurden 1974 veröffentlicht [4,5] (siehe Bild 9).
1975 folgte dann eine größere Vergleichsuntersuchung an 91.000 Histologie- und Cytologiebefunden [7] , deren weitere Fortführung Rückschlüsse auf die Treffsicherheit der unterschiedlichen Untersuchungsmethoden erwarten läßt. Die Bilder 10 und 11 zeigen Tabellen über die Häufigkeitsverteilung von Erkrankungen des Verdauungstraktes, wobei die Tabelle in Bild 12 im Vergleich der Diagnosen aus Histologie und Cytologie zum gleichen Patienten die nicht übereinstimmenden Ergebnisse (gestrichelt) wiedergibt.

Eines der interessantesten Anwendungsgebiete dürfte in nächster Zukunft das Projekt 'Mortalitätsstatistik Wien' sein. FEIGL [1,2] benutzt das PAS im Rahmen eines Forschungsauftrages des österreichischen Gesundheitsministeriums zur Auswertung aller Obduktionsbefunde des österreichischen Bundeslandes Wien, das eine Sektionsrate von mehr als 50% aufweist. Dieser hohe Anteil an 'gesicherten' Todesursachen soll die Mortalitätsstatistik, die für die Gesundheitspolitik eine tragende Bedeutung hat, wesentlich verbessern. In Anlehnung an die WHO-Todesursachenstatistik wurden ca. 1.100 Klassifikationsgruppen gebildet und als Frageketten dem PAS eingegeben. Bild 13 zeigt die Fragekette 150.01 und einen Auszug aus der Liste der hierzu ermittelten Obduktionsbefunde. Erste Retrievaltests zeigen, daß das System dem manuellen wesentlich überlegen ist und nur 2% überhaupt nicht codierbare Todesursachen übrig bleiben, die einer in-

adäquaten Primärklassifikation (schlechte Befundabfassung des Obduzen-
ten) entsprechen. Im Laufe dieses Jahres wird das PAS am Allgemeinen
Krankenhaus der Stadt Wien für das geschilderte Projekt in den Routinebetrieb übernommen.

4   AUSBLICK

Für eine einheitliche Speicherung von Befundberichten sollten gewisse
Konventionen eingehalten werden, wie sie von ROETTGER u.a. ausgearbeitet
wurden. So ist es sinnvoll, Abschnitte mit unterschiedlichen Inhalten
(z.B. Todesursache oder histologisches Untersuchungsergebnis in Sektions-
protokollen) zu kennzeichnen, um spezifische Auswertungen durchführen zu
können. Die Textgestaltung ist generell frei, wenn auch Aussagen wie 'Wir
empfehlen zur weiteren Diagnostik......' für eine Auswertung wenig sinnvoll erscheinen und als Epikrise dem Befund angehängt werden sollten, bei
der Auswertung aber unberücksichtigt bleiben.

Restriktionen, die gewisse Formulierungsgewohnheiten der Pathologen ein-
engen, haben wenig Aussicht auf allgemeine Beachtung [6] . Diese Tatsache führte zur Erweiterung des Systems in den semantischen Bereich der
Klartextverarbeitung, die noch in den Anfängen der Realisierung steckt.
So wurde trotz der Auflage an die Pathologen, keine Negationen in Diagnosen zu verwenden (z.B. 'Kein Anhalt für Carcinom'), diese Forderung
selten beachtet. Ein negierter Diagnosensatz wird nun als solcher erkannt
und gekennzeichnet, bzw. negierte Satzteile werden extrahiert und in Form
getrennter negierter Sätze gespeichert. Weitere Verarbeitungsschritte zur
verbesserten Analyse und Normierung der Originaltexte wurden unter dem
Begriff LINK-THESAURUS vorgestellt [8] . Aufgrund der Resultate bisher
durchgeführter Untersuchungen erschien es zweckmäßig, medizinische Rou-
tine-Befundberichte nicht nur Wort für Wort mit dem AGK-Thesaurus zu vergleichen, sondern Zusammenhänge innerhalb eines Satzes zu erkennen und
bei der Verarbeitung zu berücksichtigen.

Diese beziehen sich auf quantifizierende Modifier (Größenangaben etc.),
auf die Gewichtung (Einschränkung, Möglichkeit, Wahrscheinlichkeit einer
Aussage), auf die klare Abgrenzung von Aussagen (Trennung nicht-optima-
ler Primärtexte (Schachteltexte) in logisch voneinander abgrenzbare
Sachverhalte) und auf die Identifizierung von Mehrwortbegriffen (z.B.
'Ulcus ventriculi': nicht 'ulcus' und 'Ventrikel', sondern 'Magenulcus').

5   <u>SCHLUSSBETRACHTUNG</u>

Beim PAS ist der Aufwand an qualifiziertem Fachpersonal von der Datenerhebung über die Korrektur bis zur Auswertung gering und die Anwendung
ist für den Benutzer einfach. Die bisherigen Auswertungen haben gezeigt,
daß das PAS den Wünschen und Anforderungen der Pathologen gerecht wird
und die Ergebnisse den Einsatz rechtfertigen.

<u>LITERATUR</u>

[1] FEIGL, W., KRISCH, K., KÖBERL, D., KÜSEL, W.: Mortality Statistics
by Free Text Analysis.
5th Congress Europ. Soc. Pathology, Okt. 1975, Wien.

[2] FEIGL, W., RÖTTGER, P., KÜSEL, W., KÖBERL, D.: Retrospektive und
prospektive Untersuchungen zur Mortalitätsstatistik mit Methoden
der Klartextanalyse.
In: REICHERTZ, P.L. (Hrsg.): Med. Informatik und Statistik Bd. 1.
(Berlin, Heidelberg, New York: Springer 1976, 94 - 98).

[3] KÜSEL, W.: Automatische Fehlererkennung und Korrektur.
Vortrag GMDS Heidelberg, Okt. 1975.

[4] KÜSEL, W., RIES, P., WESTERMANN, H.: PAS - Ein variables Auswer-
tungssystem für Pathologiebefunde.
In: Symposium Klartextanalyse in der Medizin, München 1974.
(Erlangen, Siemens 1975, 123 - 141).

[5] KÜSEL, W., RIES, P., WINGERT, F., RÖTTGER, P., WESTERMANN, H.:
Ein variables Auswertungssystem für das Pathologie-Befund-System.
In: REICHERTZ, P.L., HOLTHOFF, G. (Hrsg.): Methoden der Informatik
in der Medizin. (Berlin, Heidelberg, New York: Springer 1975).

[6] LOY, V., FABRICIUS, W., GROSS, U.: Retrieval and Processing of
Biopsy Findings in Pathology.
5th Congress of Europ. Soc. Pathology, Okt. 1975, Wien.

[7] RIES, P., KÜSEL, W.: Free Text Analysis and Histological-Cytological
Comparison of Biopsy Reports from Gastroenterology (PBS Hannover
1973-74).
5th Congress Europ. Soc. Pathology, Okt. 1975, Wien.

[8] RÖTTGER, P., KÜSEL, W.: Die Erstellung eines Link-Thesaurus zur
differenzierten Implikationserschließung in der medizinischen Klartextverarbeitung.
In: REICHERTZ, P.L. (Hrsg.): Medizinische Informatik und Statistik,
Bd. 1. (Berlin, Heidelberg, New York: Springer 1976, 105 - 109).

[9] RÖTTGER, P., WINGERT, F., FEIGL, W., GRÄPEL, P., RIES, P.,
SCHALK, D., GROSS, U.M., MATAKAS, F.: Konzeption und Organisation
des AGK-Thesaurus.
In: Symposium Klartextanalyse in der Medizin, Wien 1973.
(Erlangen: Siemens 1974, 52 - 607).

[10] WINGERT, F., RIES, P.: Pathologie-Befund-System.
Meth. Inform. Med. 12 (1973) 150 - 155.

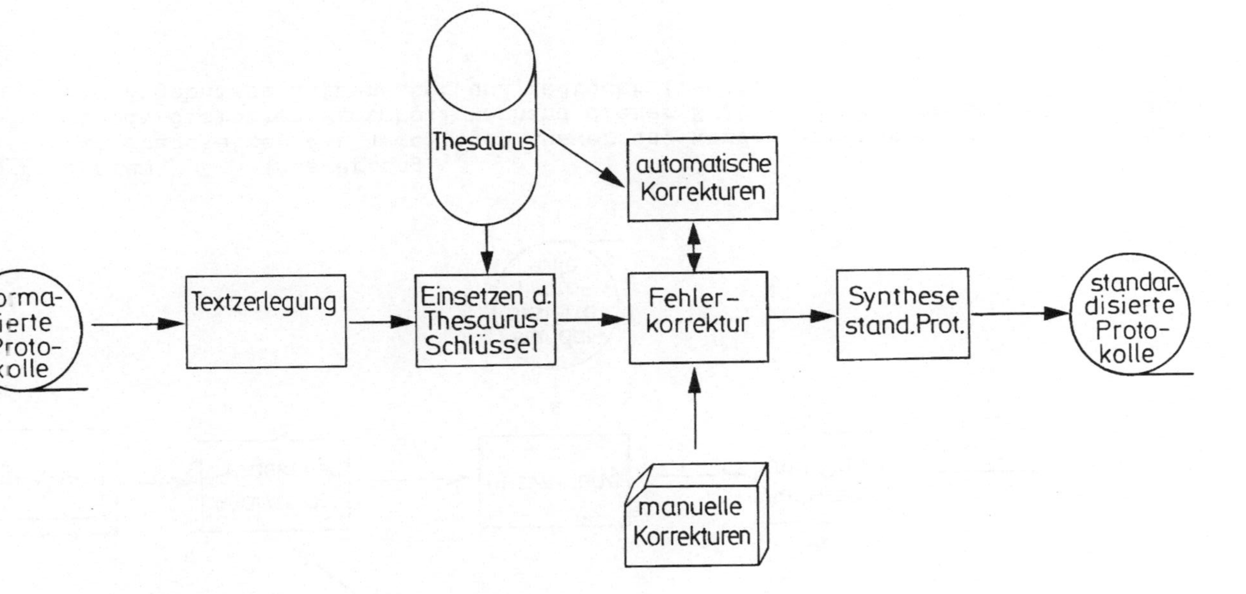

Bild 1: System P A S (Standardisierung).
Die formatierten Klartext-Protokolle (links) werden analysiert und in standardisierte (encodierte) Protokolle (rechts im Bild) umgewandelt. Diese können dann für Auswertungen (siehe Bild 2) verwendet werden

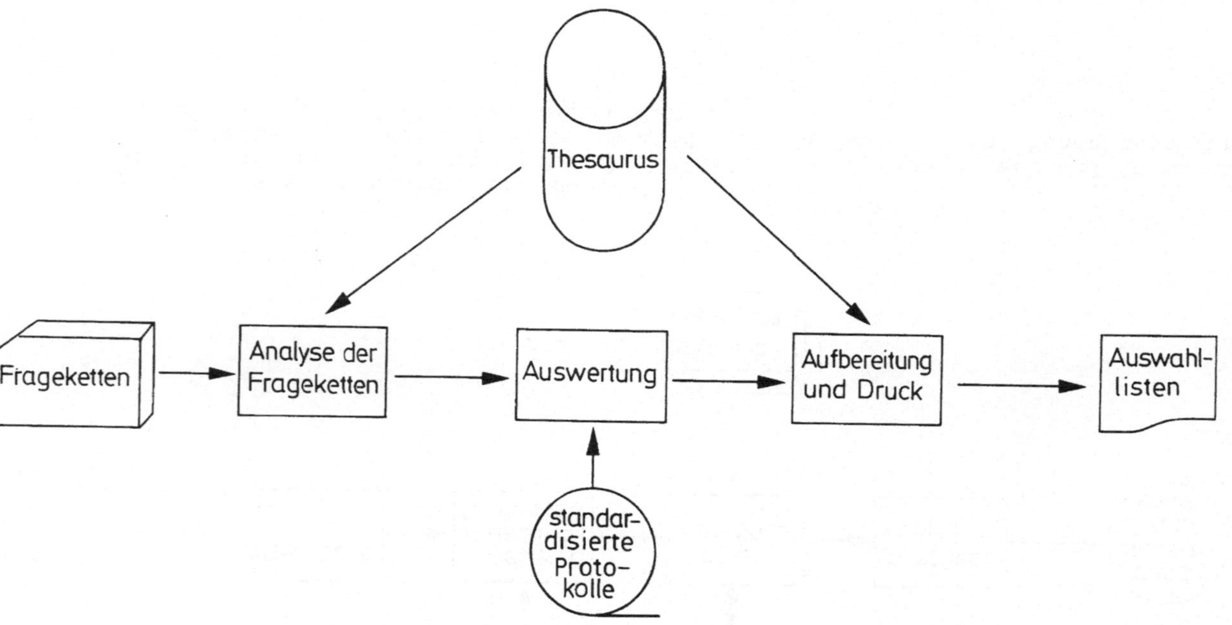

Bild 2: System P A S (Auswertung).
Die Frageketten der jeweiligen Auswertung werden interpretiert (links), die standardisierten Protokolle anhand dieser Kriterien verarbeitet (Mitte) und die Ergebnisse aufbereitet und gedruckt (rechts)

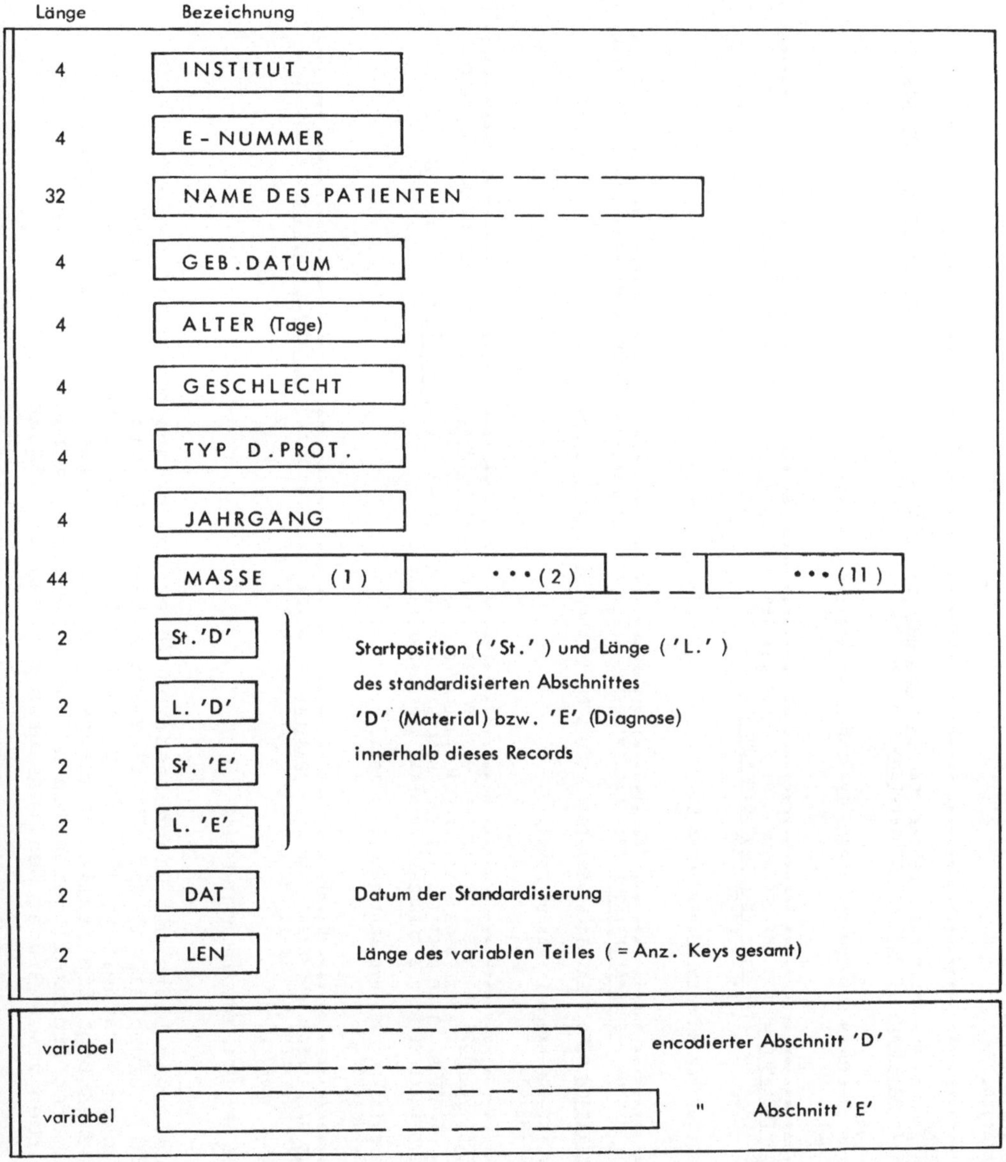

Länge	Bezeichnung
4	INSTITUT
4	E - NUMMER
32	NAME DES PATIENTEN
4	GEB.DATUM
4	ALTER (Tage)
4	GESCHLECHT
4	TYP D.PROT.
4	JAHRGANG
44	MASSE (1) •••(2) •••(11)
2	St.'D'
2	L. 'D'
2	St. 'E'
2	L. 'E'
2	DAT
2	LEN
variabel	encodierter Abschnitt 'D'
variabel	" Abschnitt 'E'

St.'D', L. 'D', St. 'E', L. 'E': Startposition ('St.') und Länge ('L.') des standardisierten Abschnittes 'D' (Material) bzw. 'E' (Diagnose) innerhalb dieses Records

DAT: Datum der Standardisierung

LEN: Länge des variablen Teiles (= Anz. Keys gesamt)

Bild 3: Recordaufbau eines standardisierten Protokolls

```
*  540   ************************************************************************************************************
        G: RECIDIVIEREND RECIDIV MYOCARDINFARCT HERC MUSCULATUR/QUER INFARCT MUSCEL MUSCELPARENCHYM MUSCULATUR MYOCARD
           CREISLAUF/ART CREISLAUF/HERC NECROSE .
        T: LINCSHERCDILATATION HERC DILATATION HERCDILATATION LINCS CREISLAUF/GROSS CREISLAUF/HERC .

571:71:M  G: REZIDIVIERENDER MYOCARDINFARKT.
M 66 J    T: LINKSHERZDILATATION.

*  541   ************************************************************************************************************
        G: DELIRIUM TREMENS .
        T: LOBAERPNEUMONIE LUNGE PNEUMONIE BACT INFLAM/LOCAL IM LINCS UNTERLAPPEN LUNGE LOBUS INFERIOR .FRISCH APOPLECTISCH CNS
           GEHIRN APOPLEXIE HAEMORRHAGIE PONS CNS GEHIRN PONS CNS GEHIRN .

572:71:M  G: DELIRIUM TREMENS.
M 45 J    T: LOBAERPNEUMONIE IM LINKEN LUNGENUNTERLAPPEN. FRISCHE APOPLEKTISCHE BLUTUNG
             DER PONS VAROLI.

*  542   ************************************************************************************************************
        G: SCHAEDELHIRNCERTRUEMMERUNG CNS COPF CRANIUM GEHIRN SCELETTSYSTEM FRACTUR HIRNCONTUSION TRUEMMERFRACTUR
           TRAUMA/CRAN/CEREB TRAUMA/VAR NACH UMWELT/VERCEHRSUNFALL .
        T: HIRNOEDEM CNS GEHIRN OEDEM STOFFWECHSEL/HYDR .

573:71:M  G: SCHADELHIRNZERTRUEMMERUNG NACH VERKEHRSUNFALL.
M 44 J    T: HIRNSCHWELLUNG.

*  543   ************************************************************************************************************
        G: MARASMUS SENIL SENIUM .FEMURHALSFRACTUR BEIN EXTREMITAETEN SCELETTSYSTEM FRACTUR COLLUM FEMUR FEMURHALS TRAUMA/EXTR
           LINCS .
        T: RECHTSHERCDILATATION HERC DILATATION VENTRICEL RECHTS CREISLAUF/CLEIN CREISLAUF/HERC .

574:71:M  G: MARASMUS SENILIS. SCHENKELHALSFRAKTUR LINKS.
M 92 J    T: RECHTSHERZDILATATION.

*  544   ************************************************************************************************************
        G: ALLGEMEIN ARTERIOSCLEROSE ARTERIE CREISLAUF/ART DEGENERATICN/LOCAL .MYOCARDIOPATHIE HERC MUSCULATUR/QUER MYOCARD
           CREISLAUF/HERC FIBROES FIBROSE DEGENERATICN/LOCAL INFLAM/LOCAL .
        T: CYSTOPYELITIS HARNBLASE NIERE CYSTITIS PYELITIS BECCEN PYELON RENAL INFLAM/LOCAL .URAEMIE NIERE INSUFFICIENC
           ENDCG/INTOX STOFFWECHSEL/HYDR STOFFWECHSEL/MINERAL STOFFWECHSEL/VAR .

575:71:F  G: ALLGEMEINE ARTERIOSKLEROSE. MYOCARDIOPATHIA FIBROSA.
F 72 J    T: CYSTOPYELITIS. URAEMIE.

*  545   ************************************************************************************************************
        G: CHOLELITHIASIS GALLENWEGE CONCREMENT LITHIASIS OPERIERT OPERATION OPERATION/VAR .CHOLEDOCHOLITHIASIS GALLENWEGE
           CHOLELITHIASIS CONCREMENT LITHIASIS CHOLEDOCHUS DUCTUS EXTRAHEPATISCH .
        T: ICTERUS PIGMENT/ANHAEM .

576:71:M  G: CHOLELITHIASIS OPERIERT. CHOLEDOCHOLITHIASIS.
M 46 J    T: IKTERUS.
```

<u>Bild 4</u>: Beispiel aus einer Liste mit Diagnosesätzen (hier Obduktionsbefund mit den Abschnitten 'G' (Grundleiden) und 'T' (Todesursache) im Originaltext (jeweils unten) und nach Verarbeitung (Encodierung) und Rückverwandlung in Klartext. Alle unterstrichenen Begriffe stellen Eingangsworte aus dem Originaltext dar, die im standardisierten Protokoll durch einen Code dargestellt werden, die übrigen Begriffe wurden vom PAS über den Thesaurus hinzugefügt (Zusatznotation)

```
KLARTEXTVERARBEITUNG       KORREKTURLISTE (MANUELL)  (HISTOLOGIE 1974)      ERSTELLT AM 14-09-75    SEITE  140
- MED.INFORMATIK -

FALSCHES WORT / KORREKTURVORSCHLAEGE   LFD.NR.   CODE   KLARTEXTKORREKTUR   AUFGETRETEN IN PROT.NR./ABSCHNITT/SATZ/WORT

GOLDBERG                               1382                                 E23774/74      E      1      7
                                               <__>  ...........................

GRIOSSER                               1389                                 E 9678/74      E      2      1
   1) GROSSER
   2) GROISSER                                 <__>  ...........................

GROISSES                               1390                                 E14016/74      E      1      1
   1) GROSSES
   2) GROESSE                                  <__>  ...........................
   3) GROISSTE
   4) GROESSER
   5) GROISSTES
```

Bild 5: Ausschnitt aus dem Listenausdruck des automatischen Fehlerkorrekturprogramms:
   manuelle Korrekturliste mit Verbesserungsvorschlägen

```
KLARTEXTVERARBEITUNG       LISTE DER AUTOMATISCHEN KORREKTUREN (HISTOLOGIE 1974)      ERSTELLT AM 14-09-75    SEITE  30
- MED.INFORMATIK -

LFD.NR.   BEANSTANDETES WORT              KORREKTURWORT             PROT.NR.   ABSCHNITT  SATZ  WORT

 1584     MOENICCEBERG                    MOENCCEBERG               E26928/74      E       1     8
 1585     MORPHOLOGISCHE                  MORPHOLOGISCHE            E11833/74      E       4     1
 1586     MONOCYTENLEUCOYSE               MONOCYTENLEUCOSE          E23665/74      E       1     1
 1587     MUCOCELEN                       MUCOCELE                  E11959/74      E       2     2
 1588     MUSCLATUR                       MUSCULATUR                E28543/74      E       1     3
 1589     MUCULARIS                       MUSCULARIS                E12603/74      E       1    17
 1590     MUSCELANTEILE                   MUSCELANTEIL              E14362/74      D       1     1
 1591     MUTTERMUNDLIPPE                 MUTTERMUNDSLIPPE          E27937/74      E       1     4
 1592     MUTTERMUNDLIPPE                 MUTTERMUNDSLIPPE          E23806/74      D       1     2
 1593     MYPMATOSE                       MYOMATOSE                 E 5771/74      E       2     1
 1594     MYPMATOSUS                      MYOMATOSUS                E20797/74      E       1     2
 1595     MYEOLOPOESE                     MYELOPOESE                E26525/74      E       1     4
 1596     MYIOMCNOTEN                     MYOMCNOTEN                E21712/74      B       3     2
 1597     MYEOIOISCHE                     MYELOISCHE                E18938/74      E       1     8
 1598     MYELCFIBOSE                     MYELOFIBROSE              E12313/74      E       1     1
 1599     MYOMATOSUSM                     MYOMATOSUS                E21896/74      E       1     2
 16C0     MYEOLOPATHIE                    MYELOPATHIE               E13016/74      E       3     2
```

Bild 6: Ausschnitt aus dem Listenausdruck des automatischen Fehlerkorrekturprogramms:
   Beispiele automatischer Korrekturen, alle mit Verweis auf Prot.Nr. und Abschnitt etc.

H I S T O L O G I E   1 9 7 3

25211 Protokolle: Abschnitte 'B'(Materialkennzeichnung)
                             'E'(Diagnose)

   = 218 336 Worte
   davon 5 971 unterschiedlich und im Thesaurus
          8 596 unterschiedlich, <u>nicht</u> im Thesaurus

   von diesen 8 596 sind
          1799 mit Sonderzeichen etc. (Eingabe- und
                                        Übertragungsfehler)
          6797 interpretierbar

Diese 6797 Worte wurden vom automatischen Korrektursystem
verarbeitet. Ergebnis:

       1389 automatisch korrigiert (Fehlerquote falsch positiv
                                      ca. 1 %)

        531 Korrekturvorschläge gemacht
       ____
       1930 entspricht 28.4 %
   verbleiben 4877 Worte, die nicht automatisch korrigiert werden
   können. Davon sind ca. 2200 (ca. 45%) Thesauruslücken.

<u>Bild 7</u>: Aufschlüsselung eines vom Korrekturverfahren verarbeiteten Jahrgangs

*JAG(73,75) & *CYT & *SEX(1)

Jahrgang 1973-75, nur Cytologie und nur maennlich (=1)

'MAGEN' & 'CARCINOM'

Alle Magencarcinome

*AGE(50,60) & 'LUNGE' & 'ENTZU=NDUNG'

Lungenentzuendungen der Pat. zwischen 50 und 60 Jahre

Bild 8: Beispiele möglicher Frageketten mit Erläuterungen (die mit einem '*' gekennzeichneten Begriffe stellen vorher definierte Kürzel für Datenfelder dar, die nicht im Klartext angegeben wurden z.B. Alter, Geschlecht, Typ des Protokolls etc.)

```
      - P A S -     AUSWERTUNG VOM 13.06.74   FUER  INST.F.PATH. DER MHH


         FUER DIESE TABELLE WURDEN  14374 PROTOKOLLE AUSGEWERTET.


                    LISTE DER DEFINITIONEN
                    ===========================


      AUSWAHLKRITERIUM:
           *PMX, (*PAP(4)|*PAP(5)) & 'SPUTUM'*MAT & *CYT

      SPALTE   1:    'ALVEOLARZELLCARCINOM'
      SPALTE   2:    'PLATTENEPITHELCARCINOM'
      SPALTE   3:    'ADENOCARCINOM'
      SPALTE   4:    ('KLEINZELLIG' & 'CARCINOM') | 'OATZELLCARCINOM'

      ZEILE    1:    *AGE(0,40)
      ZEILE    2:    *AGE(41,50)
      ZEILE    3:    *AGE(51,55)
      ZEILE    4:    *AGE(56,60)
      ZEILE    5:    *AGE(61,65)
      ZEILE    6:    *AGE(66,70)
      ZEILE    7:    *AGE(71,100)
```

```
        - P A S -     AUSWERTUNG VOM 13.06.74   FUER  INST.F.PATH. DER MHH
```

SPALTE ->	1	2	3	4	ZEILEN-SUMMEN
1	0 0.00	4 1.49	1 0.37	0 0.00	5 1.86
2	0 0.00	9 3.35	1 0.37	1 0.37	11 4.10
3	0 0.00	10 3.73	2 0.74	1 0.37	13 4.85
4	1 0.37	26 9.70	6 2.23	0 0.00	33 12.31
5	0 0.00	40 14.92	6 2.23	2 0.74	48 17.91
6	1 0.37	51 19.02	6 2.23	2 0.74	60 22.38
7	0 0.00	82 30.59	12 4.47	4 1.49	98 36.56
SPALTEN-SUMMEN	2 0.74	222 82.83	34 12.68	10 3.73	268 1.86

Bild 9: Beispiel für eine PAS-Auswertung

	ENTZÜNDUNG	ULKUS	POLYP	CARCINOM
ÖSOPHAGUS	129	55	1	104
MAGEN	5438	1378	127o	1007
DUODENUM	219	132	6	16
DÜNNDARM	133	21	5	26
COLON	2185	85	48	206
SIGMA/REKTUM	1145	168	78o	627

Bild 10: Histologische Diagnosen des Verdauungstraktes
1973/74, 15.184 Patienten

	PAP I	PAP II	PAP III	PAP IV	PAP V
ÖSOPHAGUS	21	111	14	8	90
MAGEN	321	2866	143	85	476
DUODENUM	8	99	4	2	8
DÜNNDARM	O	2	O	O	O
COLON	6	41	3	2	14
SIGMA/REKTUM	29	197	27	16	87

Bild 11: Cytologische Diagnosen des Verdauungstraktes
1973/74, 4.680 Patienten

	PAP I	PAP II	PAP III	PAP IV	PAP V
ENTZÜNDUNG	68	1092	36	11	15
ULKUS	5	409	39	7	12
POLYP	O	33	4	1	2
CARCINOM	1	31	7	28	258

Bild 12: Vergleich histologischer und cytologischer Diagnosen
zum gleichen Patienten, Lokalisation 'Magen',
1973/74, 2.059 Patienten

```
*****************************************************************************
***** 150.01   (109) *******************************************************
*****************************************************************************

19:71:F      (    18)  G  1:  G  1 - OESOPHAGUSCARCINOM
                             T  1 - PERIBRONCHIAL PNEUMONIE

54:71:M      (    51)  G  1:  G  1 - OESOPHAGUSCARCINOM
                             T  1 - ASPIRATIONSPNEUMONIE

151:71:M     (   142)  G  1:  G  1 - CARCINOM OESOPHAGUS
                             T  1 - LUNGENEMBOLIE

185:71:M     (   173)  G  1:  G  1 - OESOPHAGUSCARCINOM
                             T  1 - MASSIV INTESTINALBLUTUNG
                             T  2 - BLUTASPIRATION

262:71:M     (   247)  G  1:  G  1 - CARCINOM CARDIAOESOPHAGEAL GRENCE
                             T  1 - CONFLUIERT BRONCHOPNEUMONIE

328:71:M     (   313)  G  1:  G  1 - OESOPHAGUSCARCINOM
                             T  1 - COLLAPS

519:71:M     (   492)  G  1:  G  1 - OESOPHAGUSCARCINOM
                             T  1 - HERCDILATATION BEI HERCWANDANEURYSMA

655:71:M     (   622)  G  1:  G  1 - OESOPHAGUSCARCINOM
                             T  1 - PNEUMONIE
                             T  2 - MEDIASTINALPHLEGMONE

850:71:M     (   805)  G  1:  G  1 - OESOPHAGUSCARCINOM
                             G  2 - SCHWER ARTERIOSCLEROSE
                             G  3 - MYOCARDIAL SCHWIELE
                             T  1 - HERCDILATATION
                             T  2 - OESOPHAGUSCARCINOM

1003:71:M    (   949)  G  1:  G  1 - PLATTENEPITHELCARCINOM CARDIOOESOPHAGUSGRENCE
                             T  1 - TUMORCACHEXIE
```

<u>Bild 13</u>: Ausschnitt aus einer Liste der vom PAS zur Fragekette
'150.01' (siehe Bild 8) ausgewählten Protokolle.
Die zur Auswahl in dieser Gruppe führende Diagnose ist
unterstrichen, alle übrigen Diagnosen des jeweils ausgewählten Protokolls wurden ebenfalls aufgelistet (Mul-
tikausalität) (Projekt Mortalitätsstatistik Wien)

EIN PROGRAMMSYSTEM ZUR PRÜFUNG VON KLARTEXTDATEN

IN DER DEZENTRALEN DATENERFASSUNG

(Gefördert vom BMFT im Rahmen des IuD-Programms unter der
Projekt-Nr. PT 254.01)

W. Sager

In diesem Beitrag soll ein Programmsystem vorgestellt werden, mit dessen
Realisierung im Laufe des letzten Jahres hier in Gießen am Institut für
Medizinische Statistik und Dokumentation begonnen wurde.

Aufgabe des ausführenden Projektes war es zu prüfen, ob das Standard-
Dokumenten-Retrieval-System STAIRS [3] auch zur Dokumentation klinischer
Daten verwendet werden kann. Das System wäre also ein Hilfsmittel, um
Diagnosen, Berichte, Arztbriefe oder ähnliches in Originalform zu speichern und anhand ihres Inhaltes wiederzufinden. Formatierte Daten können
mit STAIRS ebenfalls verarbeitet werden, unterliegen aber gewissen Einschränkungen hinsichtlich der zulässigen Datenstruktur. Besonderer Vorzug
von STAIRS ist die automatische Indexierung der angelieferten Dokumente,
d.h. die zum Retrieval notwendigen Schlagwörter können automatisch aus
dem Text gewonnen werden.

Diese Vorgehensweise setzt jedoch die formale Korrektheit der eingegebenen Daten voraus. Jeder Schreibfehler kann beispielsweise zu einem
falschen Schlagwort und damit zu Verlusten beim Retrieval führen. Derartige Fehler müssen vor der Eingabe der Daten in das Datenbanksystem
nach Möglichkeit erkannt und eliminiert werden, da eine nachträgliche
Korrektur nur sehr schwer möglich ist.

Damit war die Erarbeitung einer praktikablen Lösung der Datenerfassung
und -prüfung Voraussetzung für den Einsatz des Systems STAIRS. Ganz allgemein kommt aber der Datenerfassung eine entscheidende Bedeutung bei
dem Einsatz von Informationssystemen zu. Man schätzt, daß etwa die Hälfte
der laufenden Kosten eines Informationssystems allein auf die Datenerfassung entfallen. Es war daher sinnvoll, das Problem in einen allgemeinen Rahmen einzubetten. Das hierzu erarbeitete Konzept zur Erfassung von
Daten, die manuell in maschinenlesbare Form überführt werden müssen,
setzt die folgenden Schwerpunkte:

- Das System soll möglichst wenig in die bestehende Organisation
  eingreifen; es soll sich vielmehr den wechselnden Anforderungen
  flexibel anpassen.

- Es muß möglich sein, die Handhabung des Systems und die Datenerfassung angelerntem Personal zu übertragen.

- Die Datenprüfung soll möglichst weitgehend automatisiert werden,
  um den Einsatz von qualifiziertem Personal gering zu halten.

- Das System soll autonom arbeiten.

Zur Realisierung dieser Vorstellung können heute preisgünstige Micro-
processorsysteme eingesetzt werden, etwa in der hier dargestellten Kon-
figuration mit dem Processor, einem direkten Zugriffsspeicher, einem
sequentiellen Speichermedium und einem Drucker (siehe Bild 1).

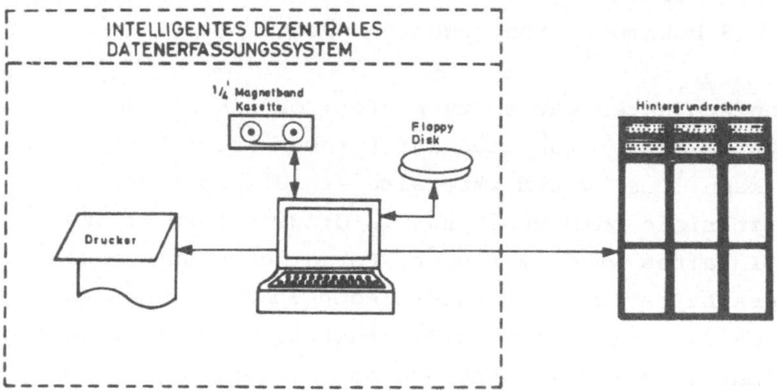

<u>Bild 1</u>: Konfiguration eines Microprocessorsystems zur intelligenten
dezentralen Datenerfassung

In [4] wird ausführlich dargestellt, welche funktionellen Eigenschaften
ein System zur Erfassung formatierter Daten auf der Basis eines solchen
Systems haben sollte.

Die hier vorgestellte Erfassung von formatfreien klartextlichen Daten
stellt eine Erweiterung dieses Konzeptes dar. Die Erweiterung besteht
in der Einfügung eines neuen Feldtyps mit der Bezeichnung "Klartext"
in Verbindung mit einem speziellen Prüfverfahren für die in Felder dieses Typs eingegebenen Daten. Abweichend von der Definition formatierter
Felder ist die Länge eines Feldes vom Typ "Klartext" nicht beschränkt.
Die eingegebenen Daten können also beliebige Länge haben.

Da es sich bei der Eingabe um formatfreie Daten handelt, sind per Definition nur formale Prüfungen möglich, sofern man sich auf automatische
Prüfmethoden beschränkt. Als Prüfverfahren bot sich hier das Aufsuchen
jedes eingegebenen Wortes in einem Wörterbuch an. Setzt man die Korrekt-

heit der Wörterbucheinträge voraus, so kann man davon ausgehen, daß mit dem Auffinden eines Eingabewortes seine formale Richtigkeit sichergestellt ist.

Wie bei der Erfassung formatierter Daten ist auch bei Daten vom Typ "Klartext" ein Verlassen des Feldes erst nach der Verifikation der eingegebenen Daten möglich. Zur Vermeidung von Wartezeiten erfolgt die Prüfung der Wörter parallel zur Eingabe. Eine Korrektur kann zu jedem Zeitpunkt durch ein Steuerzeichen vom Benutzer veranlaßt werden, sie erfolgt jedoch spätestens nach Beendigung des Textes, sofern ein oder mehrere Wörter nicht gefunden wurden.

Problematisch war in diesem Zusammenhang bei der Realisierung der Umfang des Wörterbuches, dessen Aufbau und ständige Überarbeitung, sowie der schnelle Zugriff auf jedes einzelne Element.

Einschlägige Untersuchungen [2] ergaben, daß im allgemeinsten Fall, d.h. voller Sprachumfang, keine Wortformenreduktion und keine Kompositazertrennung mit einem Wörterbuchumfang von mehreren 100.000 Einträgen gerechnet werden muß. Allerdings ist dabei die Auftretenshäufigkeit des weit überwiegenden Teils dieser Einträge außerordentlich gering. Nach eigenen Untersuchungen läßt sich aber die Anzahl der Einträge auf weniger als 10.000 begrenzen, wenn man sich auf die Fachsprache eines eng umgrenzten Gebietes beschränkt, wie etwa auf die Diagnosen in der Chirurgie.

Ein weiterer Ansatz zur Lösung der Probleme des Wörterbuchaufbaus besteht darin, diese fachspezifischen Wörterbücher dynamisch zu erstellen. Ansatzpunkt hierfür ist die Überprüfung der Eingabewörter an der Wortliste nach der folgenden Vorgehensweise:

- Wird das Wort gefunden, so gilt die Schreibweise als korrekt.
- Wird es nicht gefunden, so sind zwei Fälle möglich:

(1) Das Wort enthält einen Schreibfehler. Dann wird es korrigiert
    und erneut gesucht.
(2) Das Wort ist richtig geschrieben, aber nicht in der Wortliste
    vorhanden. In diesem Fall bestätigt die Erfassungskraft die
    Schreibweise und bewirkt damit das Einfügen dieses Wortes in
    eine Wortvorschlagsliste. Diese Wortvorschlagsliste wird von
    Zeit zu Zeit von einer terminologisch geschulten Kraft abgear-
    beitet, die dann über die Aufnahme des Wortes in das Wörterbuch
    entscheidet und, falls erforderlich, die entsprechenden Doku-
    mente korrigiert.

Diese Vorgehensweise erspart das aufwendige Erstellen einer Wortliste
vor der Einsetzbarkeit des Systems und garantiert auf der anderen Seite,
daß nur solche Wörter in die Wortliste aufgenommen werden, die auch tatsächlich im täglichen Gebrauch Verwendung finden. Weiter läßt sich durch
eine feste Zuordnung von Erfassungsformular, Wörterbuch und Wortvorschlagsliste sehr einfach die fachspezifische Erstellung des Wörterbuchs sicher-
stellen.

Zur Realisierung dieser Funktionen besteht das Programmsystem aus vier
Moduln, die vom Benutzer in der bekannten Menue-Technik ausgewählt werden
(siehe Bild 2).

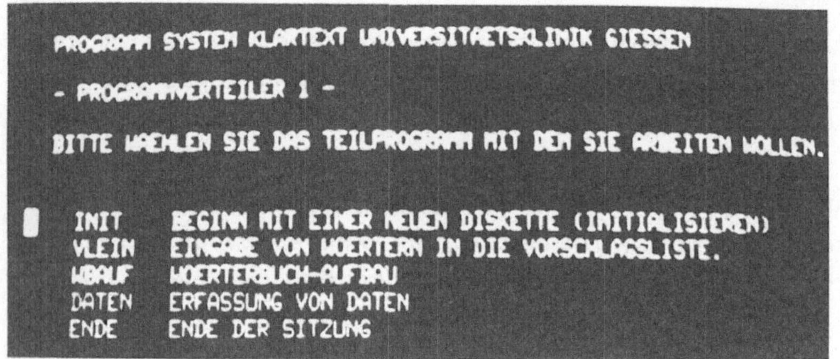

<u>Bild 2</u>: Displayausgabe zur Auswahl eines Teilprogramms in Menue-Technik.
      Bedeutung der Programmbezeichnungen:
        INIT: Initialisieren der Diskette in einem speziellen hier er-
              forderlichen Format,
        VLEIN: Externe Eingabe von Wörtern in die Wortvorschlagsliste,
        WBAUF: Aufbau des Wörterbuchs,
        DATEN: formulargesteuerte Datenerfassung

Beim Aufbau des Wörterbuchs wird der Bedienungskraft jeweils ein Wort aus
der Wortvorschlagsliste vorgespielt. Die Entscheidung über die weitere
Vorgehensweise erfolgt ebenfalls in der Menue-Technik (siehe Bild 3).

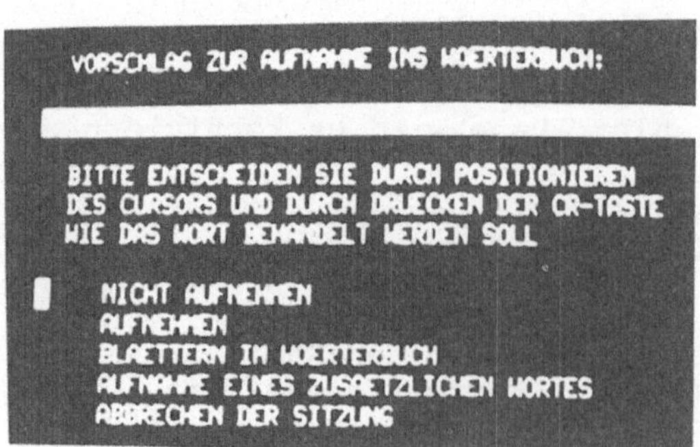

<u>Bild 3</u>: Displayausgabe zur Auswahl unterschiedlicher Vorgehensweisen

Der Benutzer hat die Möglichkeit, das Wort zu verwerfen oder es in das
Wörterbuch aufzunehmen. Nach diesen beiden Entscheidungen wird zum nächsten Wort der Vorschlagsliste übergegangen.

Nach allen anderen Entscheidungen wird nach deren Bearbeitung mit dem
gleichen Wort der Vorschlagsliste fortgefahren. Zusätzlich kann ein Wort
in das Wörterbuch aufgenommen werden, etwa das angezeigte Wort in korrigierter Form. Ist ein Wort bereits vorhanden, so erfolgt eine entsprechende Fehlermeldung.

Schließlich kann man noch in dem Wörterbuch blättern. Dazu wird ein Suchbegriff eingegeben, der, sofern er vorhanden ist, mit den 31 Folgewörtern
am Bildschirm erscheint. Ist er nicht vorhanden, so werden die 32 nächst
größeren Wörter ausgegeben. Danach kann der Benutzer die folgenden Wörter
ausgeben lassen, einen neuen Suchbegriff eingeben, das Ausdrucken veranlassen oder ins aufrufende Programm zurückspringen.

Im Teilprogramm DATEN erfolgt, wie bereits erwähnt, die formulargesteuerte
Datenerfassung und Datenspeicherung. Für jeden Datensatz wird ein Header
angelegt, der den Formularnamen und Pointer zum Formularbeschreibungssatz
und zu den Datensätzen enthält. Beim Fortsetzen der Datenerfassung mit
einem neuen Formular wird der neue Formularbeschreibungssatz auf die Datendiskette kopiert. Ist bereits ein Eintrag unter dem gleichen Formularnamen angelegt, so wird nach dem letzten Datensatz wieder aufgesetzt. Zuvor wird jedoch überprüft, ob auch das Formular noch mit dem auf der Datendiskette gespeicherten Formular identisch ist. Bei der Eingabe in Felder des Typs "Klartext" wird, wie bereits erwähnt, die Überprüfung der
Wörter parallel zur Eingabe durchgeführt. Bild 4 zeigt eine schematische
Darstellung des Programmablaufs.

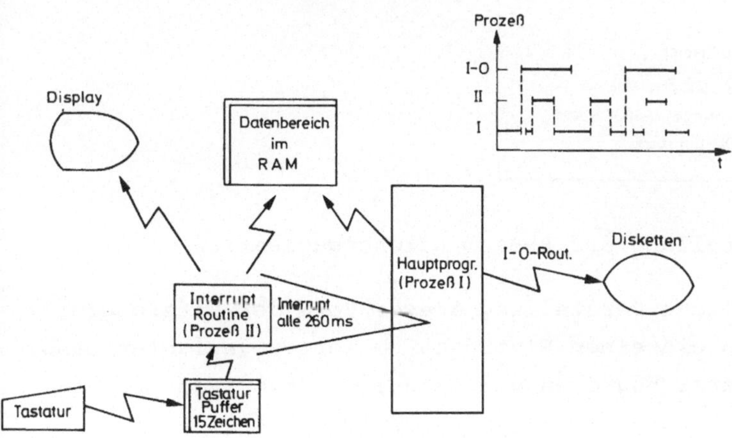

<u>Bild 4</u>: Schematische Darstellung der Erfassung formatfreier Daten

Der Text wird über Tastatur eingegeben und in einem Puffer zwischenge-
speichert. Eine Interrupt-Routine, die in festen Zeitintervallen angesprungen wird, arbeitet den Puffer ab und bringt die Zeichen auf den
Bildschirm sowie in einen Datenbereich im Zentralspeicher. Von dem Haupt-
programm werden die Wortgrenzen der eingegebenen Wörter analysiert und
der Suchvorgang durchgeführt. Die graphische Darstellung in Bild 4 zeigt
schematisch die zeitliche Abfolge der einzelnen Prozesse. Das Hauptpro-
gramm wird von der Interrupt-Routine unterbrochen, während die. I/O-Rou-
tine nach dem Anstoßen parallel zu beiden weiterläuft.

Zur Suche im Wörterbuch waren insbesondere die folgenden Anforderungen
zu erfüllen:

- Das Wörterbuch muß leicht erweiterbar sein.
- Die Daten haben variable Länge.
- Der schnelle Zugriff auf die einzelnen Datenelemente muß sicher-
  gestellt sein.

Die hierfür geeignetste Dateiverwaltungsform ist die B-Baum-Technik [1] ,
die hier in etwas modifizierter Form verwendet wurde.

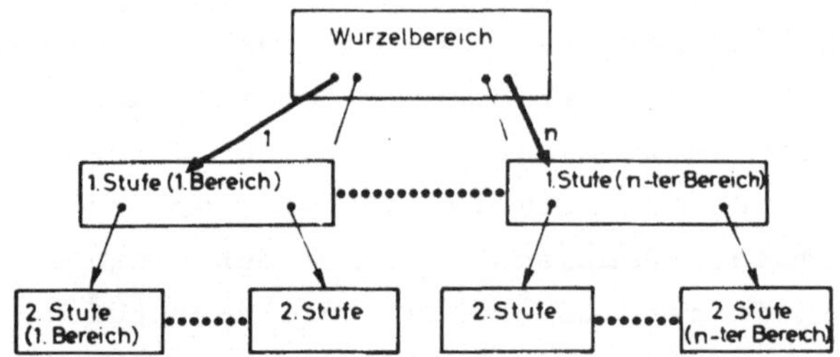

Bild 5: Schematische Darstellung der B-Baum Datenorganisation

Bild 5 zeigt eine schematische Darstellung dieser Form der Dateiorgani-
sation. Da es sich bei den einzelnen Einträgen um Wörter variabler Länge
handelt, ist bei festen Bereichsgrößen die Anzahl der Einträge pro Bereich ebenfalls variabel.

Nimmt man als mittlere Länge eines Eintrags 14 Zeichen an (12 für das

Wort, 2 für den Pointer), so können in einem 3-stufigen Baum etwa 27.000
Einträge untergebracht werden. Dies entspricht in etwa der Kapazität von
3 Disketten.

Unser Konzept läßt - durch die vorhandene Hardware begrenzt - maximal nur
etwa 18.000 Einträge zu. Das entspricht der Kapazität von zwei Disketten.
Wichtig ist in diesem Zusammenhang jedoch nur, daß die Zugriffszeiten ab
etwa 1.000 Einträgen nahezu konstant bleiben.

Zur weiteren Beschleunigung des Zugriffs erfolgt dieser unter Minimierung
der Plattenarmbewegung. Dazu werden aufeinanderfolgende Suchanforderungen
in aufsteigender Reihenfolge nach der Bereichsadresse sortiert und in
dieser Reihenfolge abgearbeitet.

Durch diese Maßnahmen liegen die Suchzeiten unter der Zeit, die eine
geübte Schreibkraft selbst bei kurzen Wörtern zur Eingabe benötigt.

Durch Sondertasten kann das Ende des Textes oder das Verzweigen in den
Korrekturmodus angewählt werden. Im Korrekturmodus schließlich bekommt
die Erfassungskraft die nicht gefundenen Wörter vorgespielt und kann
diese ändern oder als richtig bestätigen.

LITERATUR

[1] BAYER, R., MELREIGHT, E.: Organization and Maintenance of Large
     Ordered Indexes.
     Acta Informatica 1 (1971).

[2] Gebhardt, F. (Hrsg.): Beiträge zur Methodik juristischer Informations-
     systeme.
     Beiheft Nr. 5 zur DVR (Berlin: Schweitzer 1975).

[3] IBM: STAIRS/VS General Information Manual.
     (IBM-Form GH12-5114, 1974).

[4] MICHEL, H.A., SAGER, W.: Ein Konzept zur intelligenten zentralen
     Erfassung formatierter Daten.
     Vortrag auf der Frühjahrstagung des Fachbereichs Medizinische
     Informatik der GMDS, Gießen 1977.

<u>AUTOREN</u>

Bertsch, E., Dr., Saarbrücken, Fachbereich 10 der Universität

Braun, S., Prof. Dr., München, Institut für Informatik der Universität

Dannhauer, H.M., Dr., Aachen, Abt. Medizinische Statistik und
    Dokumentation der TH

Friedrich, H.J., Gießen, Institut für Medizinische Statistik und
    Dokumentation der Universität

Gebhardt, F., Dr., St. Augustin, Gesellschaft für Mathematik und
    Datenverarbeitung

Hofferberth, B., Dr., Herford, Neurologische Klinik des Kreiskranken-
    hauses

Hoffmann, G.E., Kiel, Institut für Informatik und Praktische
    Mathematik der Universität

Hölzel, D., Dr., München, Institut für Medizinische Informations-
    verarbeitung, Statistik und Biomathematik der Universität

Kogon, R., Heidelberg, Wissenschaftliches Zentrum der IBM Deutschland

Krägeloh, K.D., Dr., Karlsruhe, Institut für Informatik der TH

Küsel, W., Walsrode, Krankenhaus

Lattermann, D., Heidelberg, Wissenschaftliches Zentrum der IBM Deutschland

Lehmann, H., Dr., Heidelberg, Wissenschaftliches Zentrum der IBM
    Deutschland

Ohngemach, D., München, Institut für Medizinische Statistik und
    Datenverarbeitung der Gesellschaft für Strahlen- und Umweltforschung

Ott, N., Heidelberg, Wissenschaftliches Zentrum der IBM Deutschland

Rosenkranz, K.O., Frankfurt, Bundesverband der Pharmazeutischen
    Industrie e.V.

Sager, W., Gießen, Institut für Medizinische Statistik und Dokumentation
    der Universität

Schefe, P., Dr., Hamburg, Institut für Informatik der Universität

Schewe, S., Dr., München, Institut für Medizinische Informations-
    verarbeitung, Statistik und Biomathematik der Universität

Schott, G., Dr., Ankara, Dil ve Tarih-Cografya Fakültesi der Universität

Simon, F., Kiel, Institut für Informatik und Praktische Mathematik
    der Universität

Suppan, M., München, Institut für Medizinische Statistik und
    Datenverarbeitung der Gesellschaft für Strahlen- und Umweltforschung

Thurmayr, R., PD Dr., München, Institut für Medizinische Statistik und
    Datenverarbeitung der Gesellschaft für Strahlen- und Umweltforschung

Wieland, U., München, Bereich Daten- und Informationssysteme der
    Siemens AG

Wingert, F., Prof. Dr., Münster, Institut für Medizinische Informatik
    und Biomathematik der Universität

Zimmermann, H., Prof. Dr., Regensburg, Fachbereich Sprach- und
    Literaturwissenschaft der Universität

Zoeppritz, M., Heidelberg, Wissenschaftliches Zentrum der IBM Deutschland